W0258333

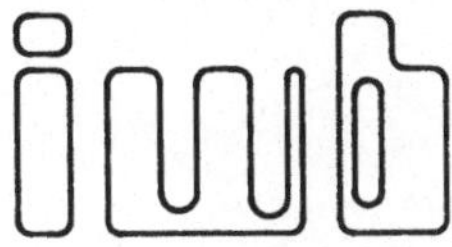

Forschungsberichte · Band 9

Berichte aus dem
Institut für Werkzeugmaschinen
und Betriebswissenschaften
der Technischen Universität München

Herausgeber: Prof.Dr.-Ing. J. Milberg

Peter Barthelmeß

Montagegerechtes Konstruieren durch die Integration von Produkt- und Montageprozeßgestaltung

Mit 70 Abbildungen

Springer-Verlag
Berlin Heidelberg New York Tokyo 1987

Peter Barthelmeß

Institut für Werkzeugmaschinen und Betriebswissenschaften (iwb), München

Dr.-Ing. J. Milberg

o. Professor an der Technischen Universität München

Institut für Werkzeugmaschinen und Betriebswissenschaften (iwb), München

D 91

ISBN-13:978-3-540-18120-0 e-ISBN-13:978-3-642-72860-0

DOI: 10.1007/978-3-642-72860-0

Gesamtherstellung: Hieronymus Buchreproduktions GmbH, München

2362/3020-543210

Geleitwort des Herausgebers

Die Verbesserung der Fertigungsmaschinen, der Fertigungsverfahren und der Fertigungsorganisation zur Steigerung der Produktivität und Verringerung der Fertigungskosten ist eine ständige Aufgabe der Produktionstechnik. Die Situation in der Produktionstechnik ist durch abnehmende Fertigungslosgrößen und zunehmende Personalkosten sowie durch eine unzureichende Nutzung der Produktionsanlagen geprägt. Neben den Forderungen nach einer Verbesserung der Mengenleistung und der Arbeitsgenauigkeit gewinnt die Steigerung der Flexibilität von Fertigungsmaschinen und Fertigungsabläufen immer mehr an Bedeutung. In zunehmendem Maße werden Programme, Einrichtungen und Anlagen für rechnergestützte und flexibel automatisierte Produktionsabläufe entwickelt.

Ziel der Forschungsarbeiten am Institut für Werkzeugmaschinen und Betriebswissenschaften der Technischen Universität München (*iwb*) ist die weitere Verbesserung der Fertigungsmittel und Fertigungsverfahren im Hinblick auf eine Optimierung der Arbeitsgenauigkeit und Mengenleistung der Fertigungssysteme. Dabei stehen Fragen der anforderungsgerechten Maschinenauslegung sowie der optimalen Prozeßführung im Vordergrund. Ein weiterer Schwerpunkt ist die Entwicklung fortgeschrittener Produktionsstrukturen und die Erarbeitung von Konzepten für die Automatisierung des Auftragsdurchlaufs. Das Ziel ist eine Integration der technischen Auftragsabwicklung von der Konstruktion bis zur Montage.

Die im Rahmen dieser Buchreihe erscheinenden Bände stammen thematisch aus den Forschungsbereichen des *iwb*: Fertigungsverfahren, Werkzeugmaschinen, Fertigungsautomatisierung und Montageautomatisierung. In ihnen werden neue Ergebnisse und Erkenntnisse aus der praxisnahen Forschung des *iwb* veröffentlicht. Diese Buchreihe soll dazu beitragen, den Wissenstransfer zwischen dem Hochschulbereich und dem Anwender in der Praxis zu verbessern.

Joachim Milberg

Vorwort

Die vorliegende Dissertation entstand während meiner Tätigkeit als wissenschaftlicher Mitarbeiter am Institut für Werkzeugmaschinen und Betriebswissenschaften der Technischen Universität München.

Herrn Prof. Dr.-Ing. J. Milberg, dem Leiter dieses Instituts, gilt mein besonderer Dank für die Anregungen sowie für seine wohlwollende Unterstützung und großzügige Förderung, die zum Gelingen dieser Arbeit entscheidend beigetragen haben.

Herrn Prof. Dr.-Ing. K. Ehrlenspiel, dem Inhaber des Lehrstuhls für Konstruktion im Maschinenbau der Technischen Universität München, danke ich für die kritische Durchsicht der Arbeit und die sich daraus ergebenden wertvollen Hinweise.

Schließlich möchte ich mich noch bei allen Mitarbeiterinnen und Mitarbeitern des Instituts sowie allen Studenten, die mich bei bei der Erstellung der Arbeit unterstützt haben, recht herzlich bedanken.

München, im Mai 1987 *Peter Barthelmeß*

Inhaltsverzeichnis

1. Einleitung

1.1 Montageautomatisierung und Produktkonstruktion

Die Wettbewerbssituation eines Unternehmens wird wesentlich von dem Ausmaß beeinflußt, in dem Unternehmenspotentiale in den betrieblichen Bereichen aufgebaut und ausgeschöpft werden. Die Montage muß dabei als eine wesentliche Quelle angesehen werden, um Wettbewerbsvorteile zu entwickeln und aufzubauen [1, 2]. Wettbewerbsvorteile können sich Unternehmen verschaffen, die frühzeitig damit beginnen, flexible automatische Montageanlagen zu installieren und mit der Planung und dem Betrieb solcher Anlagen Erfahrungen zu sammeln. Wie groß das Knowhow-Potential ist, das sich dabei in einem Unternehmen ansammelt, und damit der mögliche Knowhow-Vorsprung, läßt sich an dem hohen Planungs- und Kapitalaufwand ermessen, der in der Regel zur erstmaligen Automatisierung komplexer Montageprozesse aufzubringen ist. Pilotanlagen als Ergebnis solcher Entwicklungen erbringen häufig nach den klassischen Regeln der Wirtschaftlichkeitsrechnung - also ohne den Erfahrungsschatz für Folgeprojekte in Ansatz zu bringen - nicht die notwendige Rendite. Solche "Pilotprojekte" können sich verständlicherweise nur Großunternehmen leisten. Aber selbst bei nachgewiesener Wirtschaftlichkeit stellen die hohen Finanzmittel zur Montageautomatisierung für kleine und mittlere Unternehmen die entscheidende Hürde dar [3]. Die Einführung der neuen Prozeßtechnologie *flexible automatische Montage* bedarf erheblicher Vorlaufzeiten, da ein Erfahrungsbedarf nicht allein in dem Produktionsbereich Montage besteht sondern vor allem auch in dem die Montage weitgehend festlegenden Bereich Produktkonstruktion. Welch bestimmenden Faktor die Produktkonstruktion für die Umsetzung von Automatisierungsmöglichkeiten darstellt mag *Bild 1.1* veranschaulichen. Es zeigt am Beispiel der Endmontage eines Automobils, welche Umfänge gegenüber heutigen Fahrzeugkonstruktionen - bei allerdings massiven Eingriffen in die Produktstruktur - automatisierbar sind [3].

Betrachtet man die Auftragsabwicklung in einem Produktionsunternehmen von der Konstruktion über die Arbeitsvorbereitung und die Teilefertigung bis zur Montage, so fällt auf, daß der Automatisierungsgrad in der Teilefertigung erheblich höher ist als in der Konstruktion und in der Montage (*Bild 1.2*). Dies liegt mit

Sicherheit daran, daß die Komplexität der Aufgabenstellung in der Konstruktion und auch in der Montage viel größer ist als in der Teilefertigung. Während in der Teilefertigung an einem Arbeitsplatz in aller Regel nur ein Teil und manchmal nur ein Formelement an einem Teil bearbeitet wird, hat die Konstruktion die Aufgabe, das Produkt entsprechend dem Pflichtenheft zu konzipieren und in Bauteile aufzulösen. Auch in der Arbeitsvorbereitung herrscht traditionell die Betrachtung von Einzelteilen vor. Die Montage hat demgegenüber die Aufgabe, aus der Summe der sehr unterschiedlichen Einzelteile das komplette Produkt körperlich zusammenzusetzen. Darüberhinaus ist die Montage die letzte Station im Auftragsdurchlauf und damit das Sammelbecken aller technischen und organisatorischen Fehler, was die Automatisierung zusätzlich erschwert [4].

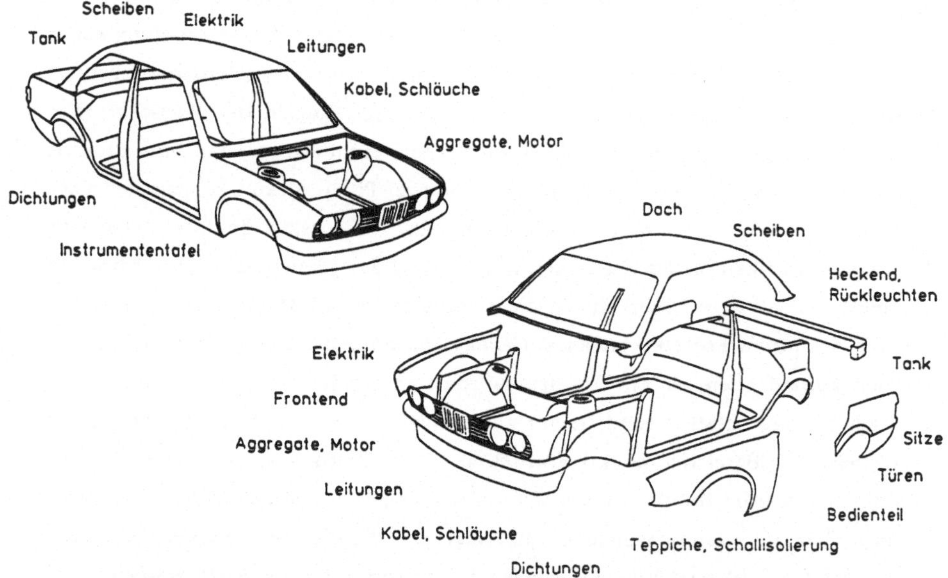

Bild 1.1: Gegenüberstellung möglicher Automatisierungsumfänge bei heutigen Fahrzeugkonstruktionen (A) und bei montagegerechter Produktstruktur (B) [3]

Durch *montagegerechtes Konstruieren* soll eine Vereinfachung der Montageautomatisierung aufgrund von Gestaltungsmaßnahmen an den zu montierenden Produkten herbeigeführt werden, also der Montageprozeß durch die Produktkonstruktion gezielt beeinflußt werden. Das bedeutet aber, daß der komplexe Konstruktionsprozeß um eine äußerst komplexe Aufgabe, nämlich die einer weitgehenden Montageplanung erweitert wird. Die Aufgabe, den Montageprozeß vorauszudenken hat ein Konstrukteur auch, der ein manuell montierbares Produkt zu konstruieren hat. Durch die automatische Montage gewinnt das montagegerechte Konstruieren nicht nur aufgrund der größeren Einschränkungen zusätzliche Bedeutung sondern auch gegenüber der Handmontage eine völlig neue Dimension. Bei der manuellen Montage ist dem Produktkonstrukteur das die Montage ausführende Organ, nämlich der Mensch, bekannt und vertraut. Die automatische Montage dagegen erfolgt durch eine komplexe Anlage, die meistens erst, auch in einzelnen Betriebsmittelkomponenten, nach dem Abschluß der Produktkonstruktion geplant wird und auch in vielen Teilen - in denen sich die spezielle Produktkonstruktion abbildet - erst zu diesem Zeitpunkt geplant und im Detail konstruiert werden kann. Unter diesen Bedingungen müßte die Produktgestaltung auf einen Montageprozeß und eine Montageanlage abgestimmt werden, die zum Zeitpunkt der Konstruktion noch nicht feststehen - eine Forderung, die kaum erfüllbar ist, wenn Produktkonstruktion und Montageplanung getrennt und zeitlich nacheinander erfolgen. Deshalb müssen die Produktkonstruktion, die Montageplanung und die Betriebsmittelkonstruktion in einem gemeinsamen Optimierungsprozeß erfolgen (*Bild 1.3*) [5].

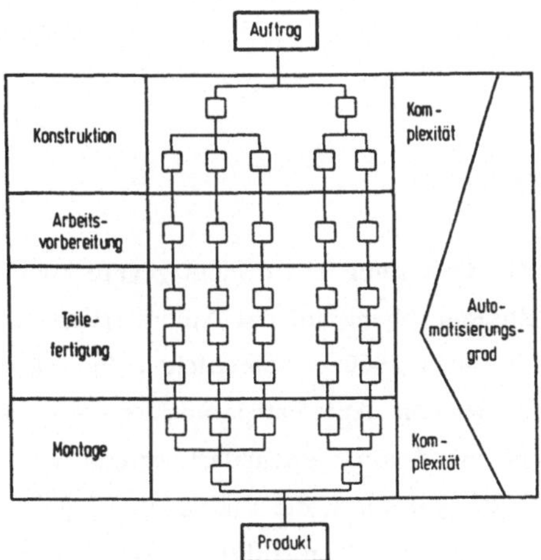

Bild 1.2: Komplexität und Automatisierungsgrad in der Auftragsabwicklung [4]

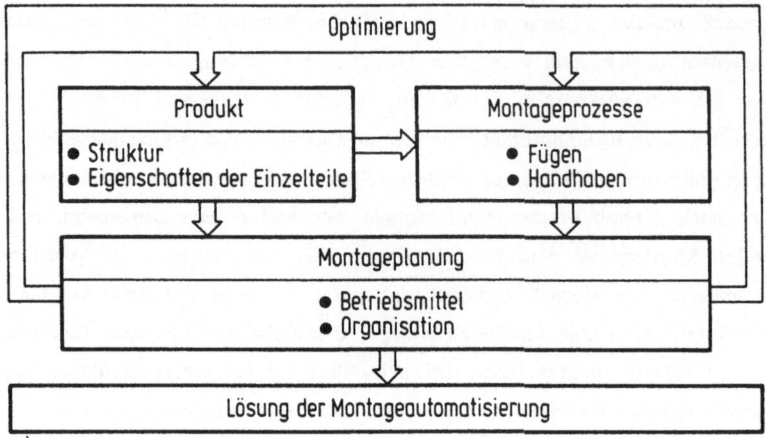

Bild 1.3: Optimierung der Montage [5]

Die Notwendigkeit der Zusammenarbeit zwischen der Konstruktion und der Montageplanung wird auch in einer Vielzahl von Veröffentlichungen als Grundbedingung montagegerechten Konstruierens genannt [6–19]. Daneben werden in zahlreichen Publikationen auch konkretere Maßnahmen, die über diese allgemeine Forderung hinausgehen, empfohlen. Das folgende Kapitel soll einen Überblick über bereits vorhandene Veröffentlichungen zum Thema *montagegerechtes Konstruieren* vermitteln.

1.2 Stand der Erkenntnisse

Die Möglichkeit und die Bedeutung einer montagegerechten Produktgestaltung wurde wohl zuerst im Zusammenhang mit der Automatisierung von Montageprozessen bewußt. Bereits in einem 1960 veröffentlichten Beitrag werden eine Reihe von Hinweisen gegeben, wie die Automatisierung von Montageabläufen durch konstruktive Maßnahmen am Produkt erleichtert werden kann [20]. Schon früh wird von DOLEZALEK [21] gefordert, die Entscheidung über die Art der Fertigung eines Produkts vor Beginn der Konstruktion zu treffen, wenn die erwarteten Stückzahlen bekannt sind, um die Handhabungseigenschaften der Teile den geeigneten Automatisierungseinrichtungen entsprechend beeinflussen zu können. Als wesentlichste Grundregel der Produktgestaltung gilt seit Beginn der Automatisierungsbestrebungen die Minimierung der Teilezahl, um den Aufwand für die Montageeinrichtungen möglichst gering zu halten. Ebenso wird darauf hingewiesen, die Verbindungen so zu gestalten, daß sich die Fügeverfahren automatisieren lassen [20, 22]. Auch die Bedeutung der Toleranzen von Einzelteilen eines zu montierenden Produkts wurde im Zusammenhang mit der Montageautomatisierung schon früh erkannt [20, 22, 23]. Es wird darauf hingewiesen, daß neben den Funktionstoleranzen sog. Automatisierungstoleranzen festzulegen sind, die durch den Montageprozeß bestimmt werden [23]. In der 1967 erschienenen VDI-Richtlinie 3237 sind 64 Beispiele zusammengestellt, die in anschaulicher Form (alte Lösung – neue Lösung) Gestaltungsmöglichkeiten zur Erleichterung der Automatisierung von Zubringe- und Montageprozessen zeigen.

Die Automatisierung von Montageprozessen beschränkte sich lange Zeit auf Produkte des Feingerätebaus, die in großen Stückzahlen herzustellen waren. Dementsprechend bezogen sich die Vorschläge zu einer montagegerechten Konstruktion auch auf dieses eingeschränkte Produktspektrum, das durch eine geringe Zahl von Einzelteilen kleiner Abmessungen und durch Verbindungen mit geringen Festigkeitsansprüchen gekennzeichnet ist. Die Einflußmöglichkeit der Produktkonstruktion wurden aber auch bald in Verbindung mit der manuellen Montage erkannt. In einer Veröffentlichung von SCHILLING [24] aus dem Jahr 1968 werden bereits bekannte Gestaltungsgrundsätze auf Produkte des Maschinenbaus übertragen und durch weitere Gestaltungsprinzipien ergänzt, die aus Erfordernissen der manuellen Montage von Maschinenbauerzeugnissen kleiner Serien abgeleitet wurden. Es werden exemplarische Vorschläge zur Erleichterung der Teilehandhabung und zur Verkürzung der Montagezeiten, vor allem durch Einsparung von Anpaßarbeiten gemacht. Auch auf eine günstige Produktgliederung in Haupt- und unabhängig voneinander montierbare Unterbaugruppen wird hingewiesen. Die in [24] dargestellten Gestaltungsrichtlinien finden sich auch in [25] und zum Teil in [26] ohne wesentliche Ergänzungen wieder. Die Verbesserung der Auftragsabwicklung in der Montage bei Einzel- und Kleinserienfertigung durch eine geeignete Produktstrukturierung wird von BRANKAMP [27] und ARLT/MIESE [28] hervorgehoben. BRANKAMP [27] fordert die Anwendung des Baukastenprinzips und die konsequente Verwendung von Wiederholteilen, die zum Wiederauffinden in geeigneter Weise zu klassifizieren sind. Ein montagetechnologisch orientiertes Klassifizierungssystem von Baugruppen wird auch in [29] vorgeschlagen.

Die Bedeutung montagegerechten Konstruierens wurde auch von der Konstruktionswissenschaft vor allem unter dem Gesichtspunkt des kostengünstigen Konstruierens erkannt. BEITZ veröffentlichte 1973 einen Beitrag [8], in dem Konstruktionsprinzipien zusammengestellt sind, die zu einer Vereinfachung der Montage führen sollen. Der Aufsatz wendet sich vor allem an Entwicklungsingenieure im Einzel- und Kleinserienmaschinenbau, die nach Ansicht des Autors täglich fertigungsrelevante Entscheidungen ohne interdisziplinäre Unterstützung durch Mitarbeiter der Arbeitsvorbereitung treffen müssen. PAHL [30] zeigt an einigen Beispielen, daß die allgemeingültigen Grundregeln der Gestaltung "einfach, eindeutig und sicher" auch zu einer Vereinfachung von Montagevorgängen führen können. Richtlinien zum montagegerechten Konstruieren werden auch in dem von beiden Autoren gemeinsam veröffentlichten Lehrbuch [31] unter anderen Gestaltungsrichtlinien und -prinzipien als Hilfsmittel beim Entwerfen aufgeführt. Auch in neueren konstruktionswissenschaftlichen Lehrbüchern [32, 33] wird zwar die große Bedeutung montagegerechten Konstruierens zur Beinflussung der Herstellkosten betont, es werden aber keine speziellen Methoden zur Erreichung dieses Ziels angeboten. KOLLER [32] führt 14 Richtlinien (ergänzt durch Bildbeispiele) an, die als Restriktionen beim Konstruieren zu beachten sind. EHRLENSPIEL [33] nennt 9 Regeln, die die Konstruktion in der Gestaltungsphase berücksichtigen kann. Nach seiner Auffassung muß der Konstrukteur aufgrund seiner fertigungstechnischen Erfahrung – am besten mit einem Mitarbeiter aus der Montage – den Montagevorgang in allen Einzelheiten vorausdenken und festlegen, wie montiert wird, welche Hilfsmittel (Werkzeuge, Vorrichtungen, Maschinen, Meßzeuge) dafür verwendet werden können.

Die erste umfassende Arbeit zum Thema *montagegerechtes Konstruieren* wurde im Jahr 1975 von ANDRESEN [7] veröffentlicht. Die Zielsetzung dieser Arbeit ist es, Möglichkeiten aufzuzeigen, durch Entscheidungen des Konstruktionsbüros den

Ablauf der Montage zu beeinflussen. ANDRESEN versucht zuerst die Einflußfaktoren des Montageprozesses zusammenzustellen. Zu den Einflußfaktoren, die er beschreibt, zählen die Geometrie der Einzelteile, deren Oberfläche, Bemaßung und Werkstoff, die Baugruppen (also Konstruktionsgrößen) sowie die Betriebsmittel, Personal, Planung und Organisation (also montageprozeßbedingte Größen). An die Darstellung der Einflußfaktoren schließt sich eine Zusammenstellung der wesentlichsten Konstruktionsregeln in einer montagevorgangsorientierten Gliederung an. Die Regeln berücksichtigen hauptsächlich die Gegegebenheiten in der Großserienfertigung, wobei von einer manuellen bzw. mechanisierten Montage ausgegangen wird. Die Beispiele, durch welche die Regeln illustriert werden, sind zum Teil der Literatur entnommen. Von Bedeutung ist nach Ansicht des Autors auch die Ermittlung der Montagereihenfolge in der Entwurfsphase. Er beschreibt ein beispielhaftes Rechnerprogramm, das der Überprüfung von Entwürfen auf grundsätzliche Montierbarkeit dient und bei entsprechendem Ausbau zu einem Vorgangsknotennetz des Montageablaufs führen kann. Zur weiteren Überprüfung der Montagegerechtheit schlägt ANDRESEN Tabellen vor, die der bewußten Überprüfung und Bewertung eines Produkts dienen sollen. Die Tabellen stellen detaillierte Cheklisten dar, in denen alle Teiloperationen der Montage sowie Fragen zur Vereinfachung von Montageoperationen aufgeführt sind. Alle aufgeführten Punkte sind durch einfache Ja/Nein-Aussagen, also geeignet – nicht geeignet, möglich – nicht möglich zu beantworten. Die letzte wesentliche Erkenntnis der Arbeit ist die Notwendigkeit der Verbesserung der Zusammenarbeit zwischen dem Konstruktionsbüro und der Arbeitsvorbereitung, um die Produktkonstruktion in einem iterativen Prozeß an die speziellen Betriebsbedingungen und den vorgesehenen Montageprozeß anzupassen.

Drei Jahre nach der Arbeit von ANDRESEN erschien die ebenfalls sehr umfassende Arbeit zum Thema *montagegerechtes Konstruieren* von DILLING [9]. DILLING sieht im montagegerechten Konstruieren eine Maßnahme unter anderen zur Rationalisierung von Montageprozessen. Gestützt auf die Auswertung umfangreicher Zeitaufnahmen kommt er zu dem Ergebnis, daß durch organisatorische Maßnahmen (feinere Montagevorplanung und Terminsteuerung, verbesserte Bereitstellung, verbesserte Teilekontrolle, optimale Arbeitsplatzgestaltung) die Montagezeiten um ca. 20 %, durch konstruktive Maßnahmen am Produkt um ca 10 % gesenkt werden können. DILLING sieht daher die Zielsetzung seiner Arbeit in der Schaffung einer einheitlichen, möglichst allgemeingültigen Methodik für das Lösen produktionstechnischer Rationalisierungsaufgaben. Aus einer systematischen Analyse von Produktions- und Fertigungsprozessen leitet er Rationalisierungsprinzipien ab, auf deren Grundlage verschiedene Methoden zur Optimierung der Herstellkosten in der Entwurfsphase miteinander verglichen werden. Eine methodische Hilfe zur Entwurfsoptimierung stellen Gestaltungsrichtlinien dar, deren günstigste Darstellungsweise hergeleitet wird. Die Gestaltungsrichtlinien sollen knapp und einprägsam formuliert sein und den Bezug zwischen fertigungstechnischen Erfordernissen und gestalterischen Möglichkeiten herstellen. Die Gliederung soll dem methodischen Vorgehen in der Entwurfsphase entsprechen, das von der Grobgestalt zur Feingestalt geht und die drei Hierarchieebenen Produkt, Verbindung und Einzelteil umfaßt. Gegliedert in die Gestaltungsbereiche Produkt, Verbindung, Einzelteil werden eine Vielzahl von zum Teil der Literatur entnommenen Gestaltungsrichtlinien in Katalogform übersichtlich zusammengestellt.

Zielsetzung der im gleichen Jahr wie [9] erschienenen Arbeit von MEHNERT [34] ist, einen Beitrag zur Schaffung eines einheitlichen Richtlinienwerks zu leisten. Konstruktionsregeln werden in einer Zielhierarchie gegliedert, wobei in der obersten Ebene allgemeine Regeln aufgelistet sind, wie "wenig Montageverrichtungen" oder "keine fügefremden Montageverrichtungen", in den folgenden Ebenen werden Maßnahmen zur Einhaltung dieser Regeln und Gründe für notwendige Abweichungen von den allgemeinen Regeln aufgelistet. Nach diesem Schema sind eine Vielzahl von Regeln in verbaler Form also ohne erklärende Bildbeispiele aufgelistet. Die schwere Handhabbarkeit der Regelsammlung wird eingeräumt, weshalb noch weitere methodische Hilfen für erforderlich gehalten werden. Eine solche methodische Hilfe stellt ein Speicher mit Montageprinzipien dar. Unter einem Montageprinzip wird eine prinzipielle Anordnung von Bauelementen und die prinzipielle Art und Weise des Fügens dieser Bauelemente verstanden, z.B. Grundplattenmontage, Schachtelbauweise, Gehäusemontage usw.. Nach Ansicht des Autors soll sich ein Konstrukteur zu Beginn des Konstruktionsprozesses für ein geeignetes Montageprinzip entscheiden, um dann nur noch die für dieses Prinzip geltenden Gesetzmäßigkeiten beachten zu müssen. Als dritte methodische Hilfe, deren Bedeutung höher als die von Regelsammlungen angesehen wird, werden Lösungsspeicher vorgeschlagen. Beispielhaft wird ein Lösungsspeicher zur Beherrschung von Summentoleranzen, einem als grundlegend erachteten Konstruktionsproblem, erarbeitet. Summentoleranzprobleme werden in 9 Gruppen unterteilt, wie axiale oder radiale Toleranzbeherrschung von Spielen, Toleranzbeherrschung des Achsabstandes u.ä.. Eingeteilt in diese Gruppen werden Vorschläge zur Lösung dieser Toleranzprobleme aufgelistet, die teilweise durch Skizzen erklärt werden.

Die unübersichtliche Darstellung und schwierige Handhabung bereits vorhandener Informationen zum montagegerechten Konstruieren sind für GAIROLA [14] für die Formulierung der Aufgabenschwerpunkte seiner Arbeit bestimmend: Erstellung eines Maßnahmenkataloges mit Richtlinien und exemplarischen Beispielen, Erarbeitung einer konstruktionsgerechten Analyse- und Bewertungsmethode zur Montagegerechtheit von Produkten, exemplarische Anwendung der erarbeiteten Vorgehensweise. Der vorgeschlagene Maßnahmenkatalog, der nach methodischen Gesichtspunkten in Gliederungs-, Haupt und Zugriffsteil zu unterteilen ist, soll Richtlinien zur montagegerechten Gestaltung von Bauelementen, montagegerechten Strukturierung von Produkten, Auswahl der Montageverfahren und Verfahrenskombination enthalten. In der Arbeit sind neben einer Übersicht über die Gestaltungsregeln zum montagegerechten Konstruieren je ein Musterblatt aus dem Gliederungs-, Haupt- und Zugriffsteil eines Maßnahmenkatalogs zu finden. Zur Bewertung der Montagegerechtheit von Bauelementen und Baugruppen wird ein Analyseverfahren vorgeschlagen, das auf Algorithmen und Kennzahlen beruht. Die Bewertung dient bei Neukonstruktionen nach Ansicht des Autors dem Konstrukteur als Erfolgskontrolle, da davon auszugehen ist, daß bei Beachtung der Gestaltungsregeln das Produkt montagegerecht ist. Bauelemente werden mit Hilfe von Arbeitsblättern bewertet, die der Konstrukteur durch Angabe von Kennziffern für eine Vielzahl von Einzeleigenschaften (z.B. Stapelbarkeit, Bruchempfindlichkeit, Anzahl der Fügerichtungen u.ä.) auszufüllen hat. Das Ergebnis der Bewertung ist eine Wertigkeit, die sich aus dem Wertepaar Handhabungseignung und Kompliziertheitsgrad zusammensetzt und die zur Klassifizierung in die Kategorien "gut", "bedingt", oder "schlecht" geeignet dient. Baugruppen sollen mit Hilfe eines Montagegraphen oder einer Fügeflächenmatrix sowie zur Ermittlung der Bauelementereihenfolge mit einer Nachfolgermatrix bewertet werden. Die Ergebnisse dieser Bewertungen sind Kennzahlen, die wiederum in Bewertungsblätter einzutragen sind und durch Multiplikation zu einer Kennzahl führen, die der Klassifizierung der Montagegerechtheit der Baugruppe führen. GAIROLA räumt ein, daß das gesamte Bewertungsverfahren nur für Baugruppen mit weniger als 30 Teilen sinnvoll anzuwenden ist. Für komplexere Produkte empfiehlt er den Einsatz von Rechenanlagen, ohne näher auf die Übertragung der Methode auf einen Computer einzugehen.

Eine geschlossene Methode zum montagegerechten Konstruieren, die allerdings auf ein nicht zu komplexes Produktspektrum des Feingerätebaus beschränkt sein dürfte, stellt das Verfahren von BOOTHROYD/DEWHURST [35–38] dar. Wesentliches Ziel des Verfahrens ist es, die Teileanzahl eines Produkts auf das Minimum zu reduzieren und die verbleibenden Teile leicht montierbar zu machen. Das Verfahren beginnt mit der Wahl der günstigsten Montageart, wobei zwischen manueller Montage, Montage mit Einzweckautomaten und Montage mit programmierbaren Montagesystemen zu entscheiden ist. Die Entscheidungsfindung wird durch eine Überschlagsrechnung unterstützt, die Stückzahlen, Varianten und Lebensdauer des Produkts sowie Lohnkosten und Anzahl der Schichten berücksichtigt. Um die Montageeignung eines manuell zu montierenden Produkts beurteilen zu können, werden die Montagezeiten durch ein Abschätzverfahren ermittelt, die als Basis für die darauffolgende Überarbeitung der Konstruktion entsprechend den Schwachstellen (Re–design) dienen. Zur Bewertung der Eignung bei automatischer Montage werden die Kosten zur Bereitstellung der Teile mit einem Vibrationswendelförderer und zum Handhaben/Fügen mit einem Pick–and–Place–Gerät abgeschätzt. Je höher der Orientierungsaufwand der Teile und je größer die Anzahl der Fügerichtungen bzw. je komplexer die Fügebewegung desto höher sind nach diesem Bewertungsverfahren die Montagekosten, also desto ungünstiger ist das Bewertungsergebnis. Den Schwachstellen entsprechend ist auch in diesem Fall die Konstruktion zu überarbeiten. Die komplette Methode wird als COMPUTER–AIDED DESIGN FOR ASSEMBLY in der Form eines Dialogsystems, das auf einem Personal Computer zu installieren ist, von den Autoren als Produkt angeboten.

Ein rechnerunterstütztes Verfahren zum montagegerechten Konstruieren, das sich jedoch noch in der Entwicklung befindet, wird auch von SCHRAFT/BÄSSLER beschrieben [15, 39–41]. Nach Ansicht der Autoren besteht das Hauptproblem im Fehlen anwenderorientierter Hilfsmittel zur Umsetzung der bekannten Informationen zum montagegerechten Konstruieren. Als geeignete Hilfsmittel werden genannt: ein systematisch gegliederteter Konstruktionskatalog über Verbindungstechniken (in Anlehnung an [42]), Relativkostenkataloge (in Anlehnung an [43]) und Kataloge über Gesamtproduktkonzeptionen unter Berücksichtigung betriebsorganisatorischer Abläufe, wobei zwischen allgemeingültigen Regeln und branchenbezogenen Regeln unterschieden werden soll. Die Kataloge sollen in Form von EDV-Dateien gespeichert werden, damit die vom Benutzer benötigten Informationen schnell aufzufinden sind. Dazu soll er durch eine Benutzerführung in Menütechnik unterstützt werden. Die Bewertung fertiggestellter Konstruktionen soll mittels geeigneter Algorithmen, über deren Beschaffenheit aber keine genaueren Aussagen gemacht werden, ebenfalls durch den Rechner erfolgen. Um den Aufwand für die Eingabe erforderlicher Daten möglichst gering zu halten, ist vorgesehen das EDV-System mit einem CAD-System zu koppeln, von dem alle bei der Konstruktion erzeugten und zur Bewertung der Montagegerechtheit relevanten Daten automatisch übernommen werden können.

Mit der Beinflussung der Montageorganisation in der Einzel- und Kleinserienfertigung durch die Produktkonstruktion setzt sich UNGEHEUER [44] auseinander. Er beschreibt Methodiken zur Planung von montagegerechten Produkt- und Montagestrukturen, die aufgrund von Untersuchungen in Unternehmen des Großmaschinenbaus (Portalfräsmaschinen, Druckmaschinen, u.ä) entwickelt wurden. Der Autor hebt in der Arbeit hervor, daß es vielfach sinnvoll ist, ein Produkt abweichend von der funktionsorientierten Baugruppenstruktur in eine montagegerechte Baugruppenstruktur zu gliedern. Dieser Zielkonflikt wird auch in [45] behandelt. Die montagegerechte Produktgestaltung wird unterschieden in montagegerechte Konstruktion, wobei offensichtlich die Einzelteilgestaltung gemeint ist, die Standardisierung von Einzelteilen und Baugruppen und die montagegerechte Produktstrukturierung [46]. Nach dieser Unterscheidung liegt das Haupteinsatzgebiet für die montagegerechte Konstruktion bei großen Stückzahlen, das der Standardisierung bei allen Produktionsarten und das der Produktstrukturierung bei der Einzel- und Kleinserienproduktion. Die montagegerechte Konstruktion (nach obiger Definition) bzw. Bauteilgestaltung wird wegen des Überwiegens der Handhabungsvorgänge im Montageprozeß gleichbedeutend mit einer handhabungsgerechten Konstruktion betrachtet [47]. Es werden zwei prinzipielle Möglichkeiten zur montagegerechten Bauteilgestaltung gesehen, Reduzierung zu handhabender Baugruppen und Einzelteile durch Funktionsintegration und Vereinfachung von Handhabungsvorgängen durch eine günstige Bauteilgestaltung [47–49]. Um eine handhabungsfreundliche Teilegestaltung zu erreichen, sollen in der Konstruktion Checklisten verwendet werden [48, 50]. Ziel der montagegerechten Produktstrukturierung ist es nach [51], das Produkt in vormontierbare und vorprüfbare Baueinheiten zu gliedern, um diese parallel in seperat eingerichteten Vormontagebereichen zu montieren. Dadurch kann neben einer höheren Wiederholhäufigkeit (in der Einzel- und Kleinserienproduktion) die Durchlaufzeit reduziert und der Montageablauf transparenter gestaltet werden [51].

Das Zusammenwirken zwischen Produktentwicklung und Produktionsplanung ist für LOTTER [52, 53] wesentliche Voraussetzung zur Erzielung montagegerechter Produkte. Durch die Anwendung eines vom Autor entwickelten methodischen Hilfsmittels der sog. *montageerweiterten ABC-Analyse* soll ein im Stückkostendenken erzogener Konstrukteur gezwungen werden, sich bereits in der Entwurfsphase – und zwar im Dialog mit dem Produktionsplaner – die vollständigen Informationen über die Kosten aller Einzelteile zu beschaffen, also nicht nur die reinen Teilefertigungskosten bzw. bei Fremdbezug die Anlieferungskosten. Zur Erfassung aller Kosten, die von der Herstellung eines Teils bis zu seinem Einbau in das Produkt anfallen, schlägt LOTTER die Verwendung von Checklisten vor, die nach kostenverursachenden Merkmalen gegliedert sind, wie Herstellkosten, Anlieferungszustand, Handhabungsfähigkeit, Fügefähigkeit usw.. In [52] werden eine Vielzahl von praxisbezogenen Lösungsbeispielen aus dem Bereich der Feinwerktechnik beschrieben.

Zusammenfassend lassen sich aus dem vorhandenen Schrifttum zum montagegerechten Konstruieren folgende wesentliche Aussagen extrahieren: Das von den meisten Autoren vorgeschlagene Hilfsmittel zum montagegerechten Konstruieren ist ein systematisch aufgebauter Konstruktionskatalog, in dem Richtlinien und Lösungsvorschläge gesammelt sind. Die am häufigsten genannte Regel ist die Minimierung der Teilezahl, die - in trivialer Weise - am effektivsten zur Reduzierung des Montageaufwands beiträgt, wohl aber, da sie seit Jahren immer wieder hervorgehoben wird, in vielen Fällen doch nicht beachtet wird. Die meisten Gestaltungsvorschläge werden zu einer handhabungsgerechten Gestaltung gemacht, wobei die Erleichterung des Ordnungsvorgangs, meist mit einem Vibrationswendelförderer im Vordergrund steht. Eine ebenfalls häufig hervorgehobene Richtlinie betrifft die Fügebewegung, die nach Ansicht der meisten Autoren geradlinig und in möglichst einer Richtung erfolgen soll. Zur Bewertung von Konstruktionen hinsichtlich ihrer Montagegerechtheit werden Checklisten, die auf Gestaltungsrichtlinien beruhen, und Punktbewertungssysteme vorgeschlagen, die in erster Linie den Teileordnungsaufwand, die Teilezahl oder die Fügerichtung bewerten. Die Gestaltungsregeln berücksichtigen die manuelle Montage und die automatische Montage jeweils in exemplarischer Form, indem die Anforderungen bestimmter Montageeinrichtungen herausgegriffen werden. Auf spezielle Probleme im Zusammenhang mit der Montage mit Industrierobotern wird kaum eingegangen, auch nicht in [54-57].

1.3 Problemstellung, Zielsetzung und Vorgehensweise

Der im letzten Kapitel gegebene Überblick über vorhandene Veröffentlichungen zum Thema *montagegerechtes Konstruieren* verdeutlichte die Schwierigkeit und Breite des Problembereichs, die nicht zuletzt in der Dauer der Lösungsbestrebungen (seit mehr als 25 Jahren) mit zum Teil immer wiederkehrenden ähnlichen Lösungsvorschlägen zum Ausdruck kommen. Die Vielfalt der Beeinflussungsmöglichkeiten des komplexen Produktionsbereichs Montage scheinen unübersehbar zu sein. Sie beziehen sich auf so unterschiedliche Montageformen wie manuelle, starre und flexible automatische Montage, Montage von Kleingeräten mit wenigen Teilen und von Maschinenbauerzeugnissen bis zu Abmessungen von mehreren Metern und hoher Teilezahl, Einzel- und Kleinserienmontage und die

Montage großer Serien. Ebenso unterschiedlich wie die Beeinflussungsobjekte sind die Beeinflussungsziele – Ermöglichen einer kostengünstigen automatischen Montage, Optimierung der Montgestruktur zur Verbesserung des Auftragsdurchlaufs, um nur zwei wesentliche Ziele zu nennen. Angesichts dieser Feststellungen ist es bemerkenswert, daß die Versuche, das Problem des montagegerechten Konstruierens zu lösen, sich bisher weitgehend auf das Schaffen von Richtlinienwerke, Konstruktionsbewertungssystemen und Beispielsammlungen beschränkten mit dem Ziel, verallgemeinerte Hilfsmittel zum montagegerechten Konstruieren zu schaffen, die dem Konstruktionsbereich möglichst als "Black Box" zur Anwendung überlassen werden können (vgl. [7, 9, 14, 34, 39, 58]). Die Schwierigkeit, die Fülle der Informationen zu bewältigen, versucht man, wie neuere Veröffentlichungen zeigen [39–41], durch den Einsatz von Rechnern zu lösen, die alle vorhandenen und sich im Lauf der Zeit erweiternden Informationen verwalten und dem Benutzer konstruktionsgerecht zur Verfügung stellen.

Eine Vielzahl der seit mehr als zwei Jahrzehnten veröffentlichten Beispiele gelungener montagegerechter Produkt- oder Einzelteilgestaltung zeigt, daß sich die besten Lösungen durch eine indviduelle Abstimmung zwischen Produkt bzw. Einzelteil(en) und Montageprozeß auszeichnen (vgl. z.B. VDI 3237, [6, 13 und 59–64]). Ist solch eine individuelle Abstimmung zwischen Produkt und Montageprozeß allein durch die Anwendung von Gestaltungsregeln, also ohne den Montageprozeß bewußt mitzugestalten, überhaupt erzielbar? Dies ist doch wohl nur dann möglich, wenn die Richtlinien und Bewertungsgrundsätze wirklich eindeutig sind. Solche zumindest in den überwiegenden Fällen eindeutige Regeln gibt es ohne Frage, z.B. die Grundregel "Minimierung der Teilezahl". Häufig mag auch die Beachtung der Regel "Minimierung der Fügerichtungen" eine Vereinfachung der Montage zur Folge haben, zumal bei starrer Montageautomatisierung, wo die Einsparung von Bewegungsachsen erhebliche Kostenvorteile bringt. Beherzigt ein Konstrukteur diese Regel bei einem Produkt, dessen Montage mit Hilfe von Industrierobotern automatisiert wird, kann es sein, daß der Vorteil für die Montage gering ist (Bewegungsachsen sind ohnehin vorhanden), sich aber insgesamt sogar ein kostenmäßiger Nachteil ergibt, wenn die Einhaltung der Regel nur durch eine umständlichere Konstruktion erreichbar war.

Eine optimal auf den Montageprozeß abgestimmte Produktgestaltung zeichnet sich nicht zuletzt durch eine Vielzahl von Details ab. Man bedenke nur, welche Kleinigkeiten, vorhandene oder nicht vorhandene Formelemente, fehlende oder ungenügende Maßtoleranzen usw., die Automatisierung von Montageprozessen oder den störungssicheren Betrieb einer Montageanlage erschweren. Diese Details sind zu einem großen Teil auf den Anteil des Montageprozesses zugeschnitten, der individuell entwickelt und nicht in Form einer Standardlösung übernommen wurde. Nun mag der durchaus berechtigte Einwand kommen, daß es ja gerade das Ziel der Bemühungen sein sollte, Standardlösungen zu verwenden - und die Anforderungen, die Standardlösungen an die Produktgestaltung stellen, sind zweifellos in Form von Gestaltungsregeln faßbar. Jedoch Standardlösungen gibt es nur für Produkte (Produktgruppen, -Sparten) die bereits automatisch montiert wurden. Für all die anderen, und das ist heute noch die überwiegende Zahl, müssen Standardlösungen - und dann doch möglichst unter Einbeziehung der Produktgestaltung - erst erarbeitet werden. Zudem, ein bestimmter Anteil des Montageprozesses wird immer bestehen bleiben, der nicht durch Standardlösungen erfaßbar ist, sei es, weil jedes neue Produkt zwangsläufig von allen bestehenden konstruktiv abweicht oder weil neue Montagegeräte Verwendung finden (vgl. oben: starrer Montageautomat - Industrieroboter). Es erscheint daher unumgänglich, ein methodisches Instrumentarium zu schaffen, das es gestattet, Produkte für neue Montageprozesse, für die es noch keine vorbildhaften Lösungen gibt, optimal zu gestalten, also für die Fälle, in denen Gestaltungsrichtlinien und Beispielsammlungen nicht mit Erfolg angewendet werden können. Die vorliegende Arbeit hat sich deshalb zum Ziel gesetzt, systematische Vorgehensweisen zu erarbeiten, um ein Produkt für solche nicht bekannten Prozesse oder Prozeßanteile montagegerecht zu gestalten. Es wird nur die Montage mit Industrierobotern berücksichtigt, wo, wie die Literaturrecherche gezeigt hat, das größte Informationsdefizit besteht.

Bevor der Gang der Untersuchung erläutert wird, soll die Situation, von der die Gedankenentwicklung ausgeht, dargestellt werden. Ein gemeinsames Optimum von Produkt- und Montageprozeßgestaltung kann nur gefunden werden, wenn Produkt und Montageprozeß gemeinsam entwickelt werden. Aus dieser Forderung resultiert ein Betrachtungsobjekt von erheblich höherer Komplexität, als sie das Produkt oder die Montageanlage für sich allein besitzt, für die bei einer herkömmlichen Vorgehensweise getrennt und nacheinander Lösungen gesucht werden. Die Vielschichtigkeit der Problemstellung erfordert die fachlich und zeitlich koordinierte Zusammenarbeit verschiedener Experten aus den Bereichen der Produktkonstruktion, der Montageplanung und der Betriebsmittelkonstruktion. Ein wesentlicher Ansatz zur Problemlösung richtet sich deshalb darauf, die Komplexität des Gesamtproblems zu reduzieren. Die Komplexität eines Problems läßt sich reduzieren, indem es in Unterprobleme geringerer Komplexität zerlegt wird, also die Zusammenhänge derart entflochten werden, daß getrennt und möglichst unabhängig voneinander lösbare Teilprobleme übrigbleiben. Das als Gesamtsystem aufzufassende Gestaltungs- und Planungsobjekt, Produkt, Montageprozeß und Montageanlage, ist demnach in Untersysteme aufzuteilen, zwischen denen möglichst wenige Beziehungen bestehen.*

Das Gesamtproblem, das ja unabhängig von der Problemlösungsmethode ist, wurde auch bisher bei einer traditionellen Verteilung der Aufgaben auf die betrieblichen Abteilungen untergliedert, jedoch in einer Weise, die der Problemstellung des montagegerechten Konstruierens nicht gerecht wurde. Eine am Montageprozeß orientierte Aufteilung des gesamten Konstruktions- und Planungsobjekts wird immer zu Teilsystemen führen, die sowohl Anteile des Produkts als auch der Montageanlage, die den Montageprozeß bewirkt, enthalten. Wird die Produktentwicklung und die Montageplanung verantwortungsmäßig und zeitlich getrennt durchgeführt, müssen die Teilprobleme zwangsläufig entlang der Produktgrenze voneinander getrennt werden. Das bedeutet, daß die Grenze zwischen den Teilsystemen mitten durch ein intensives Beziehungsgeflecht verläuft, Festlegungen in einem System Auswirkungenen im anderen haben und diese möglicherweise wiederum Rückwirkungen auf das erste. Eine wesentliche Eigenschaft der Systemgrenzen zwischen den zu lösenden Teilproblemen ist also, daß sie sich nicht an Produkt- und Anlagengrenzen orientieren. Daneben ist ihre Dynamik im Verlauf der Produkt- und Prozeßentwicklung von Bedeutung. Die Grenzen der Subsysteme bleiben nämlich nicht unveränderlich, sondern müssen in jeder Problemlösungsphase neu festgesetzt werden.

** zur Lösung komplexer Probleme vgl. VDI 2221*

Wie man sich die Dynamik der Systemgrenzen vorzustellen hat, soll an Hand eines einfachen Beispiels, nämlich der allgemeinen Problemstellung, Teile für eine flexible Montagezelle bereitzustellen, erläutert werden: Jeder Bereitstellprozeß ist durch die Wechselwirkung zwischen einem Einzelteil und der Bereitstelleinrichtung gekennzeichnet, die zu dem gewünschten Ergebnis einer bestimmten Anordnung des Teils im Arbeitsbereich des Industrieroboters führen soll. Dieser Bereitstellprozeß ist um so einfacher und sicherer zu gestalten, je besser die Wirkflächen zwischen dem Einzelteil und der Bereitstelleinrichtung bzw. die evtl. im Teilespeicher miteinander in Kontakt stehenden Wirkflächen gleicher Teile auf den Wirkprozeß abgestimmt sind. Bei der Prozeßauslegung besteht aber weder vollkommene Freiheit in der Wahl des Bereitstellprinzips noch in der Gestaltung der Wirkflächen des Teils, die in erster Linie eine Produktfunktion zu erfüllen haben. Wohl aber besteht in der Regel ein gewisser Spielraum, der sich zur Prozeßoptimierung nutzen läßt. Bevor die Teilegestaltung im Hinblick auf den Bereitstellprozeß optimiert werden kann, muß eine Entscheidung über ein bestimmtes Bereitstellprinzip oder eine Einschränkung auf bestimmte Bereitstellprinzipien getroffen worden sein (zu den Bereitstellprinzipien vgl. Kap. 4). Diese Entscheidung ist deshalb bereits zu Beginn der Produktkonstruktion zu fällen, wenn klar ist, um welche Teileklassen es sich handelt, in welcher Stückzahl das Produkt hergestellt werden soll, welche anderen Produkte evtl. mit der selben Montageanlage zu montieren sind usw.. Der Produktkonstrukteur kann dann bereits gewisse Grundsätze bei der Teilegestaltung beachten, bzw. sich mit dem Montageplaner abstimmen. Eine Feingestaltung der Teile ist noch im Rahmen des verbliebenen Spielraums bei der Auslegung des Zuführprozesses möglich.

Das Beispiel macht eine Reihe wesentlicher Zusammenhänge deutlich. Viele Entscheidungen, die den Montageprozeß betreffen, müssen zeitlich vorgezogen werden und können auch vorgezogen werden, da sie nicht von der Produktkonstruktion abhängen sondern z.B. von Vertriebsdaten, die bereits mit der Erteilung des Konstruktionsauftrags festliegen (vgl. auch [21]). Aufgrund dieser Festlegungen müssen Anforderungen an das Produkt definiert werden. Eine allmähliche Problementflechtung findet statt, indem Abhängigkeiten zwischen Entscheidungen festgestellt werden und den Abhängigkeitsbeziehungen entsprechend Entscheidungen getroffen und Anforderungen definiert werden. Mit dem Fortschreiten des Konstruktionsprozesses und des parallel dazu verlaufenden Montageplanungsprozesses werden die Problembereiche weiter entflochten. Der Ablauf beider Prozesse entspricht dem üblichen Vorgehen in Konstruktion und Planung, das durch ein Fortschreiten vom Allgemeinen, Abstrakten zum Konkreten, Detaillierten mit gelegentlichen rekursiven Schritten gekennzeichnet ist (vgl. dazu [65], VDI 2221, VDI 2222). Das Zusammenwirken mehrerer Planungs- oder Konstruktionsprozesse ist prinzipiell nichts ungewöhnliches. Denn, um ein komplexes Produkt oder eine komplexe Anlage zu entwickeln, müssen auch mehrere Entwicklungsgruppen zusammenarbeiten. Damit kann das Zusammenwirken von Konstrukteuren und Montageplanern verglichen werden. Ein solches Vorgehen erfordert immer die Klärung von Schnittstellenfragen zwischen einzelnen Bearbeitungsgruppen und führt auch zwangsläufig zu Entscheidungsabhängigkeiten und gelegentlichen Kompetenzüberschneidungen. Ein komplexer Problemlösungsprozeß verlangt daher eine geeignete Organisationstruktur.

Eine wichtige Grundvoraussetzung montagegerechten Konstruierens ist also eine Organisationsstruktur, die das enge Zusammenwirken verschiedener betrieblicher Verantwortungsbereiche im Sinne einer fachlichen und zeitlichen Koordination regelt. Die Anforderungen an solch eine Organisation im Hinblick auf die Regelung von Verantwortungsbereichen und des zeitlichen Ablaufs einzelner Verfahrensschritte sind mit Sicherheit sehr hoch, wenn sie eine gezielte montagegerechte Produktkonstruktion gewährleisten soll, deren montagebezogenen Gestaltungsmaßnahmen sich nur an den Montageprozessen orientieren, die tatsächlich realsiert werden. Denn nur dann ist die weitestgehende Gestaltungsfreiheit zur optimalen Erfüllung aller übrigen an das Produkt gestellten Anforderungen sichergestellt. Gestaltungsrichtlinien und Konstruktionskataloge sind in dieser Konstruktionsphase immer dann sinnvoll einsetzbar, wenn bereits bekannte Montageprozesse festgelegt wurden und die Anforderungen dieser Prozesse bereits in Regeln oder Gestaltungsbeispiele umgesetzt wurden.

Die Problemanalyse hat eine völlig neue Perspektive des Konstruktionsprozesses offenbart, die mit dem Schlagwort *Problemvereinfachung durch Problemgrenzen-*

verschiebung beschrieben werden kann. Damit wurde ein entscheidender Lösungsansatz gefunden. Um eine optimal auf den Montageprozeß abgestimmte Produktgestaltung zu erreichen, muß der *Montageprozeß durch konstruktive Maßnahmen am Produkt und an der Montageanlage* zugleich gestaltet werden. Deshalb hat die Grenze des zu betrachtenden Gestaltungsobjektes zumindest Teile der Montageanlage miteinzuschließen. Diese Forderung hat, wie bereits angedeutet wurde, weitreichende Konsequenzen hinsichtlich der Betriebsorganisation - Änderung der herkömmlichen Ablauf- und Aufbauorganisation. Die notwendigen Änderungen resultieren aus der Abgrenzung des Gestaltungsobjekts, des Montageprozesses unter Einbeziehung der ihn bewirkenden Produkt- und Anlagenanteile, sowie aus den Verfahren, die zur Gestaltung dieses Objekts anzuwenden sind, das bisher, da es als solches nicht abgegrenzt wurde, eigentlich auch nicht bestanden hat. Es gab Produkte, Montagegeräte und -Anlagen, aber kein System, das Teile von jedem in sich einschloß. Montageprozesse wurden bisher für Produkte entwickelt, deren Konstruktion abgeschlossen war und damit geradezu als "naturgegeben" betrachtet wurde, sodaß kaum Änderungen vorgenommen werden konnten. Der neue Lösungsansatz sieht die montagegerechte Produktgestaltung als bedeutenden Teil einer umfassenden Methode zur Entwicklung automatischer Montageprozesse.

Zur systematischen Grundlegung wird in der vorliegenden Arbeit ein allgemeingültiges Modell des Montageprozesses aufgestellt, das die prinzipiellen logischen und physikalischen Beziehungen zwischen dem Produkt und dem Montageprozeß wiedergibt. Es ist das Ziel, mit Hilfe dieses Modells ein beliebiges Prozeßgeschehen auf wenige logische Grundfunktionen zurückzuführen und zur Realisierung eine begrenzte Anzahl physikalischer Effekte und Konstruktionsprinzipien zu finden. Da die Montage mit Industrierobotern in den Vordergrund gestellt wurde, werden einige wesentliche für die Produktgestaltung relevante Gesichtspunkte von Montageanlagen mit Industrierobotern behandelt, bevor Montageprozeßkomponenten systematisch analysiert und Auslegungsgrundsätze erarbeitet werden. Die hierbei getroffene Auswahl spezieller Montageprozesse mag relativ willkürlich erscheinen. Sie gibt aber die Breite der in mehreren Industrieprojekten gewonnenen Erkenntnisse wieder. Die systematische Montageprozeßgestaltung wird an einer Vielzahl von praxisbezogenen Lösungsbeispielen behandelt, wodurch eine grundsätzliche Vorgehensweise erkennbar werden soll, die sich auf andere Problemstellungen übertragen läßt. Herrscht bis dahin eine mehr montageprozeßorientierte Betrachtungsweise vor, so überwiegt im danach folgenden Kapitel die produktkonstruktionsorientierte Betrachtungsweise. An Beispielen aus dem Fahrzeugbau werden in diesem Abschnitt montagebezogene Gestaltungsmaßnahmen im Zusammenhang mit Gesichtspunkten der Produktfunktion betrachtet. Den Abschluß bildet ein Ausblick auf das künftige Vorgehen zur Entwicklung automatischer Montageprozesse. Es wird der Bezug zwischen der vorliegenden Arbeit, den in anderen Bereichen laufenden und den sinnvollerweise durchzuführenden Forschungsarbeiten hergestellt, um das methodische Gebäude "Automatisieren von Montageprozessen" zu vervollständigen.

2. Herleitung von Grundfunktionen der Montage und deren Realisierung im Montageprozeß

2.1 Analytisches Prozeßmodell

Die Festlegung eines Montageprozesses erfolgt in Schritten, die sich verschiedenen Ebenen eines hierarchisch strukturierten Entscheidungsmodells zuordnen lassen (*Bild 2.1*). Die oberste Ebene beinhaltet grundsätzliche Entscheidungen über z.B. das Materialflußkonzept oder die prinzipielle Montagestruktur (verkettete Linienmontage, mehrere aufgabenidentische Montagezellen u.ä., vgl. Abschn. 3.3), also Entscheidungen die nicht von der konkreten Produktgestaltung abhängen, sondern auf der Grundlage von Vertriebsdaten und betrieblichen Randbedingungen getroffen werden können. Auf der untersten Ebene wird der konkrete Montageprozeß gestaltet in Analogie zur gestaltenden Phase bei der Produktkonstruktion (vgl. [31]). Zwischen diesen beiden Ebenen sind noch weitere Entscheidungsebenen vorstellbar, entsprechend dem Konkretisierungsgrad der Prozeßdefinition. Das im folgenden entwickelte allgemeingültige Modell eines Montageprozesses ist auf der untersten Ebene angelegt und soll die unmittelbare Wechselwirkung zwischen den Einzelteilflächen eines Produkts und dem Montagesystem erfassen. Abgeleitet wird dieses Modell in der folgenden funktionalen Betrachtung aus der "Black-Box" eines allgemein formulierten Montageprozesses.

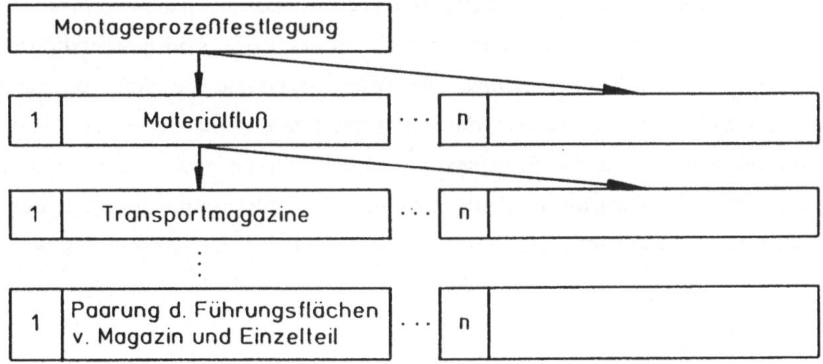

Bild 2.1: Entscheidungsebenen bei der Montageprozeßfestlegung

Ziel jedes Montageprozesses ist es, aus einzelnen Körpern, Einzelteilen oder Baugruppen, aber auch formlosen Stoffen, z.B. Schmierstoff oder Klebstoff, technische Gebilde mit einer vorgegebenen Baustruktur zu erzeugen. Diese Baustruktur durch Herstellung von Verbindungen zwischen den Einzelelementen zu schaffen, ist eigentlicher Zweck der Montage. Die Struktur eines technischen Systems ist die Gesamtheit der Relationen zwischen seinen Elementen (vgl. [66]). Die Relationen zwischen den Teilen eines technischen Gebildes bezeichnet man als Verbindungen. Eine technische Verbindung besitzt sowohl eine geometrische als auch eine energetische Dimension. Damit soll ausgedrückt werden, daß man logisch zwischen einer geometrischen und einer energetischen Relation unterscheiden kann. Die geometrische Relation legt die räumliche Anordnung der Verbindungspartner zueinander fest. Die energetische Relation bestimmt die Belastungen, unter denen die Verbindungsfunktion, also der Zusammenhalt zwischen den verbundenen Körpern, gesichert ist.*

Der Zielzustand, der durch einen Montageprozeß zu bewirken ist, besteht also in der Gesamtheit der geometrischen und energetischen Relationen zwischen den Teilen des Montageobjekts Fertigprodukt oder Baugruppe. Zur Festlegung der Gesamtfunktion der Montage ist neben dem Zielzustand, dem Zustand am Ausgang der "Black-Box" (Ausgangszustand) noch der Zustand an deren Eingang (Eingangszustand) anzugeben. Sieht man die Montage als Glied in der Kette des Produktionsprozesses, so ist der Eingangszustand des Teilprozesses Montage zugleich der Ausgangszustand des unmittelbar vorgelagerten Teilprozesses, entweder eines Fertigungs-, oder eines Materialtransportprozesses. In der Regel sind aus produktionstechnischen Gründen Teilefertigungs- und Montagesysteme räumlich voneinander getrennt, sodaß sie durch ein Materialtransportsystem miteinander verknüpft werden müssen. Deshalb ist der Eingangszustand des Montageprozesses meistens mit der Gesamtheit der Ausgangszustände der einzelnen Teiletransportprozesse, der Bereitstellsituation, identisch. Die Art und die Orte der Teilebereitstellung werden

---

** HUBKA [67] unterscheidet hinsichtlich der Relationen zwischen Bauelementen eine räumliche Relation, mechanische Kopplungen und energetische Kopplungen, die besonders die Kräfteverhältnisse zwischen Teilen angeben.*

teils durch die Transporttechnik bzw. Teilefertigung bedingt teils montageprozeßabhängig festgelegt. Der Übergang zwischen dem zu planenden Montagesystem und den vorgelagerten Systemen ist fließend und auch in der Praxis oft schwer definierbar vor allem dann, wenn die Bereitschaft vorhanden ist, die Transporttechnik bis zu einem gewissen Grad an den Montageprozeß anzupassen (was im Hinblick auf eine kostengünstige Montage selbstverständlich wünschenswert ist). Daneben muß auch noch auf den Sonderfall hingewiesen werden, daß ein Teileherstellverfahren in den Montageprozeß integriert ist (vgl. [52]). Für die allgemeingültige Formulierung des Eingangszustandes gilt aber, daß in aller Regel die relative Anordnung der Einzelteile zu Beginn des Montageprozesses nicht mit deren relativer Anordnung im zusammengebauten Zustand übereinstimmt.

Die Funktion zur Überführung des Eingangszustands in den Ausgangszustand, also die Funktion der Montage als Ganzes ist die Verknüpfung von sich an getrennten Orten befindenden Teilen zu einem zusammenhängenden Gebilde mit bestimmter Struktur. Diese Gesamtfunktion beschreibt den Hauptumsatz eines beliebigen Montageprozesses in allgemeiner Form. Sie läßt sich entsprechend den in der Konstruktionsmethodik eingeführten Umsatzarten, *Signal-, Energie- und Stoffumsatz* [68], in drei Teilfunktionen aufspalten, die hier als Grundfunktionen der Montage bezeichnet werden sollen:

Signalumsatz: Bestimmen der geometrischen Anordnung von Körpern (eigentlich Körperflächen),

Stoffumsatz: Verändern der geometrischen Anordnung von Körpern (Bewegen von Bauteilen),

Energieumsatz: Erzeugen von Haltekräften in Verbindungen.

Unter der Voraussetzung, daß mit diesen drei Grundfunktionen der Zusammenhang zwischen dem Eingangszustand einer allgemeingültigen Montageaufgabe und ihrem Ausgangszustand vollständig beschrieben werden kann (was hier ohne weitere Beweisführung angenommen wird), lassen sich alle Vorgänge, die zur Umwandlung des Eingangszustands in den Ausgangszustand beitragen, auf die Realisierung dieser Grundfunktionen zurückführen. Diese drei Grundfunktionen bilden damit die logischen Elementarbausteine zur Beschreibung jedes Montageprozesses, wenn er aus einer Anzahl dieser miteinander verschalteten Elementarfunktionen dargestellt wird. Realisiert werden die Elementarfunktionen durch eine Anzahl physikalischer Effekte, die an bestimmte Bedingungen der Produktgestaltung und der Montageanlage (konstruktiver Wirkzusammenhang [68]) geknüpft sind.

2.2 Bestimmen der geometrischen Anordnung von Montageobjekten

2.2.1 Informationsverarbeitung beim Bestimmen der räumlichen Anordnung geometrischer Objekte

Mit Ausnahme der, wie oben hingewiesen wurde, ebenfalls bei der Montage zur Anwendung kommenden formlosen Stoffe besitzen die meisten zu montierenden Bauteile eine bestimmte geometrische Gestalt, die sich aus der Gesamtheit der in der Vorfertigung erzeugten Bauteiloberflächen zusammensetzt. Durch die Montage sind die Bauteile in eine geometrische Beziehung zu bringen, die durch eine definierte räumliche Anordnung bestimmter Bauteilflächen dieser Körper zueinander beschrieben ist. Die Anordnung geometrischer Objekte wird im Raum durch genau sechs Koordinatenwerte eindeutig festgelegt, entsprechend den drei translatorischen und den drei rotatorischen Freiheitsgraden.*

Um ein Bauteil aus einem in seiner räumlichen Anordnung unbestimmten in einen bestimmten Zustand zu überführen, müssen Bezugsflächen dieses Bauteils relativ zu einem Bezugssystem erfaßt werden. Eine ebene Fläche kann zur Festlegung von einer bis zu drei Richtungen dienen. Bei dem in *Bild 2.2* dargestellten Quader legt die Grundfläche eine translatorische sowie zwei rotatorische Raumrichtungen fest. Werden durch einen Bestimmvorgang weniger als sechs Raumrichtungen erfaßt, spricht man von Teilbestimmung. Überbestimmung liegt dann vor, wenn ein

---

* *zur Systematik und Terminologie vgl. auch E VDI 2860*

und dieselbe Raumrichtung durch einen Bestimmvorgang mehrfach erfaßt wird, z.B. an zwei für die Bestimmung konkurrierend zur Verfügung stehenden Flächen. Die Anordnung des Bauteils ist in dieser Raumrichtung nicht eindeutig bestimmmt, bzw. in der Genauigkeit, in der die konkurrierenden Flächen zueinander angeordnet sind. Häufig kann ein in seiner Anordnung zu bestimmendes Formelement eines Bauteils nicht direkt erfaßt werden, sondern nur über die geometrische Zuordnung anderer Flächen des Objekts. In diesen Fällen soll von einem impliziten Bestimmen gesprochen werden im Gegensatz zum expliziten Bestimmen, wenn die zu bestimmende Fläche durch den Bestimmvorgang verifiziert wird. Die Anordnung einer implizit bestimmten Fläche kann nur in den Grenzen der Genauigkeit erfaßt werden, mit der das Teil gefertigt wurde (*Bild 2.3*). Da die Fläche durch den Bestimmvorgang nicht verfiziert wird, kann auch das Nichtvorhandensein dieser Fläche aufgrund eines Fehlers, der z.B. in der Teilefertigung entstanden ist, nicht erfaßt werden.

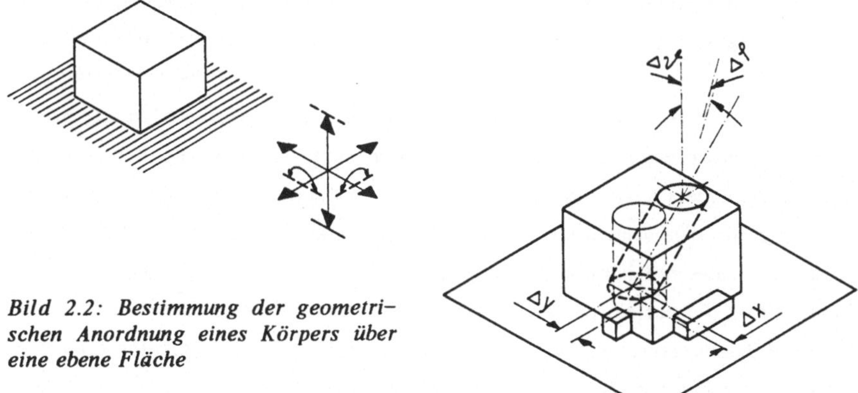

Bild 2.2: Bestimmung der geometrischen Anordnung eines Körpers über eine ebene Fläche

Bild 2.3: Implizite Bestimmung der geometrischen Anordnung einer Körperfläche (Bohrung) über andere Körperflächen (Außenflächen) – Abweichung der realen von der idealen Anordnung entsprechend der Fertigungsgenauigkeit

Es gibt zwei Möglichkeiten, die räumliche Anordnung eines Objekts zu bestimmen, entweder indem es durch eine gezielte Bewegung aus einer undefinierten in eine zum Bezugssystem definierte Anordnung gebracht wird, oder indem seine

Anordnung im Bezugssystem gemessen und auf diese Weise definiert wird. Der Unterschied zwischen den beiden Methoden besteht darin, daß im einen Fall die räumliche Anordnung des Bestimmungsobjekts zum Bezugssystem verändert wird und im anderen unverändert bleibt. Für diese beiden Methoden sollen die Begriffe "anordnungsänderndes Bestimmen" und "anordnungsmessendes Bestimmen" eingeführt werden.

Im allgemeinen wird die geometrische Anordnung eines Objekts nicht durch einen einzigen Vorgang bestimmt sondern durch eine Reihe hintereinandergeschalteter Bestimmvorgänge. Einzelne Bestimmvorgänge können unmittelbar hintereinandergeschaltet sein, es können aber auch andere Montagevorgänge dazwischen liegen. Der Zweck einer Hinterschaltung ist meistens, durch jeden Bestimmvorgang den Bestimmungsgrad stufenweise zu erhöhen oder nach einem Absinken bei zwischengeschalteten Montagevorgängen, z.B. bei einer ungenauen Bewegung zwischen zwei Orten, wiederherzustellen. Der Bestimmungsgrad ergibt sich aus der Anzahl der bestimmten Raumrichtungen sowie aus der Genauigkeit der Festlegung in den einzelnen Raumrichtungen. Wird ein Bauteil ungeordnet irgendwo auf einem ebenem Tisch abgelegt, ist die Positionsgenauigkeit in den horizontalen Richtungen durch die Größe der Tischplatte beschrieben. Die vertikale translatorische Richtung, sowie zwei rotatorische Richtungen sind abhängig von den Vorzugslagen des Körpers aufgrund der bekannten Anordnung der Tischplatte bestimmt. Abhängig von den Vorzugslagen heißt, daß eine eindeutige Aussage über die Anordnung in diesen Richtungen erst gemacht werden kann, wenn die tatsächliche Vorzugslage, die der Körper aus der Anzahl der möglichen einnimmt, durch einen weiteren Bestimmvorgang ermittelt wurde (*Bild 2.4*). Der Bestimmungsgrad eines Objekts ist vollständig durch Angabe der Raumrichtungen und der Genauigkeit in diesen Raumrichtungen.

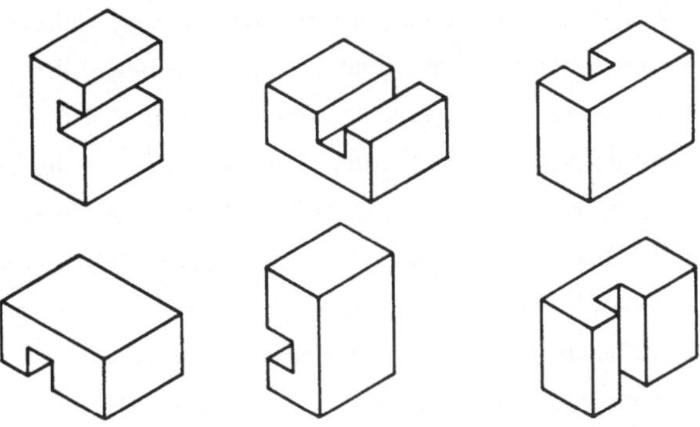

Bild 2.4: Vorzugslagen eines geometrischen Körpers

2.2.2 Anordnungsänderndes Bestimmen

Die einfachste und häufigste Form der Bestimmung zweier Flächen in ihrer relativen Anordnung zueinander erfolgt durch deren gegenseitige Berührung. Die Berührungsstellen sind bei beiden Flächen identisch. In Abhängigkeit von den Flächenkrümmungsradien ist die Berührungsstelle zwischen den beiden Flächen punktförmig, linienförmig oder flächig. Bei den linienförmigen und flächigen Berührungen sind eine Reihe von Sonderfällen zu unterscheiden. Von technischer Bedeutung sind die geradlinige, kreisförmige, ebene und kugelförmige Berührungszone. Die Art der Berührung ist maßgebend für den Grad der gegenseitigen Bestimmung der Flächen (*Bild 2.5*). Eine punktförmige Berührung bestimmt eine translatorische Richtung, eine geradlinige Berührung eine translatorische und eine rotatorische Richtung, eine ebene Berührung eine translatorische und zwei rotatorische Richtungen und eine kugelförmige Berührung drei translatorische Richtungen. Bei den kreisförmigen Berührungslinien ist ein Sonderfall zu unterscheiden, nämlich der zwischen einer Kugelfläche und einer konkaven oder kegeligen Fläche. Hier sind die selben Bedingungen wie bei der Berührung zweier Kugelflächen mit entgegengesetzt gleichem Krümmungsradius gegeben. In anderen Fällen mit kreisförmiger Berührungslinie können bis zu drei translatorische und zwei rotatorische Richtungen bestimmt sein. Wesentliches Merkmal des anordnungsändernden Bestimmens ist die Bewegung, mit der die Identität zwischen Bezugsformelementen der zueinander zu bestimmenden Körper herbeigeführt wird. Die Anordnung eines Körpers kann nur geändert werden, wenn Kräfte zur Beschleunigung der Körpermasse aufgebracht werden. Die Besonderheit der in diesem Fall erforderlichen Kraftwirkung besteht darin, daß zu Beginn der Bewegung kein genauer Kraftangriffspunkt definiert ist, die Bewegung jedoch zu einem genau definierten Ziel führen muß. Ein Kraftfeld, z.B. die Gravitation, ist geeignet, einen Körper aus einer unbestimmten Anordnung eindimensional zu beschleunigen. Das Ziel ist erreicht, wenn die Bewegung an einer Auflage- oder Anschlagfläche begrenzt wird. Durch das Zusammenwirken der Schwerkraft mit geeigneten Auflage- und Anschlagflächen kann die Anordnung eines Körpers aus einem völlig unbestimmten Zustand in eine Anzahl von exakt bestimmten Zuständen gebracht werden, die der Anzahl der Vorzugslagen entspricht. Hat ein Körper eine einzige Vorzugslage oder sind alle Vorzugslagen aufgrund der Geometriebedingungen identisch, so wird die Anordnung durch einen einzigen entsprechenden Bestimmungsvorgang eindeutig bestimmt (*Bild 2.6*).

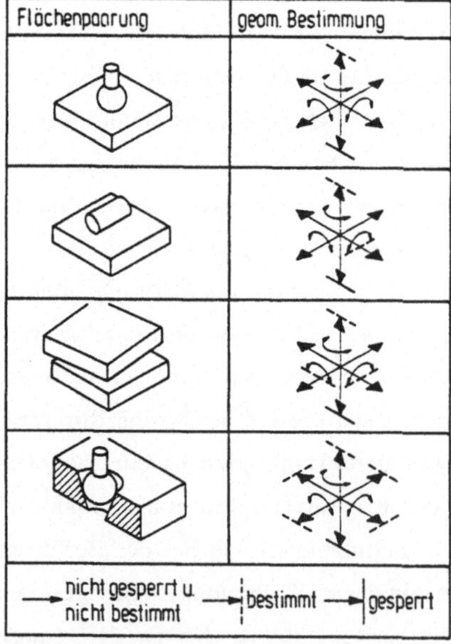

Bild 2.5: Bestimmungsgrad in Abhängigkeit von der Bestimmflächenpaarung

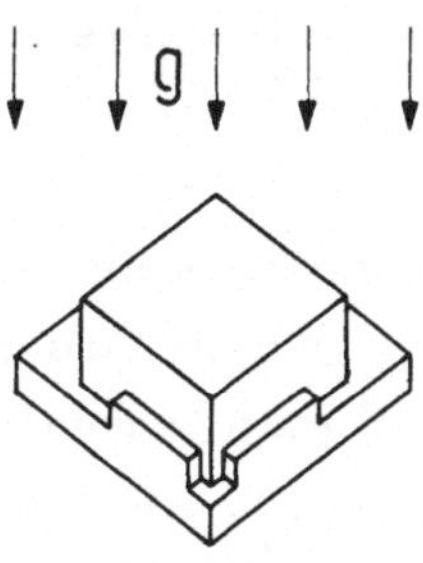

Bild 2.6: Vollständige Bestimmung durch einen einzigen anordnungsändernden Bestimmvorgang
g Erdbeschleunigung

Neben der Bewegungsbegrenzung durch Anschlagflächen ist die Bewegungslenkung durch Keilwirkung der zweite maßgebliche Effekt zur gegenseitigen anordnungsändernden Bestimmung von Körpern. An einer Keilfläche wird ein Kraftvektor in zwei zueinander senkrecht stehende Komponente aufgespalten, sodaß eine Körperkante oder -Fläche bei beliebiger Kraftrichtung außerhalb des Reibungskegels parallel zur Keilfläche bewegt wird (*Bild 2.7*). Diesen Effekt macht man sich bei Zentrierungen durch die Anbringung einander spiegelbildlich gegenüberliegender Keilflächen, sog. Fasen, zunutze (vgl. Abschn. 5.2.1). Durch Fasen könen bis zu drei Richtungen, zwei translatorische und eine rotatorische, bestimmt werden.

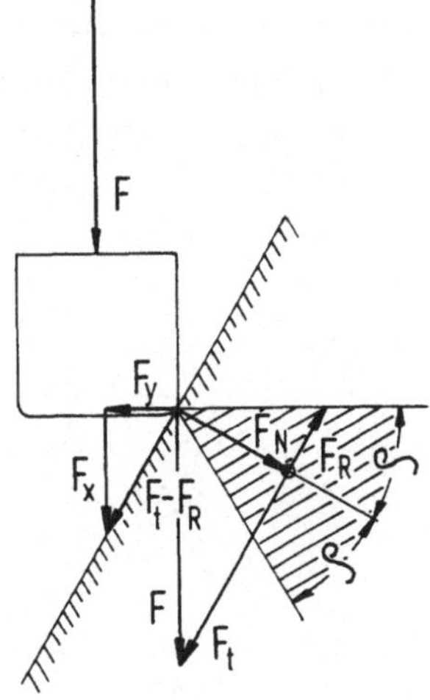

Bild 2.7: Kräftebeziehung beim anordnungsändernden Bestimmen durch den Keileffekt
F einwirkende Bewegungskraft, F_x Beschleunigungskraft in x-Richtung, F_y Beschleunigungskraft in y-Richtung, F_t tangentiale, F_N normale Komponente der Bewegungskraft, F_R Reibkraft, ρ Winkel d. Reibkegels

2.2.3 Anordnungsmessendes Bestimmen

Um die Anordnung eines Objekts im Raum meßtechnisch zu bestimmen, müssen Bezugsformelemente mit Hilfe eines berührungslosen oder taktilen Sensors erfaßt werden. Hinsichtlich des räumlichen Erfassungsprinzips können die Sensorsysteme in punktförmig, linienförmig und räumlich erfassend eingeteilt werden. Daneben ist es sinnvoll, zwischen abstand- und konturerfassenden Sensorsystemen zu unterscheiden. Mit Hilfe von abstanderfassenden Sensoren ist es möglich, die Entfernung von Körperflächen zum Bezugssystem quantitativ (numerischer Entfernungswert) oder qualitativ (Aussage: in betreffendem Abstand vorhanden oder nicht vorhanden) zu ermitteln. Das Erfassungsprinzip ist dafür ausschlaggebend, ob zur Erfassung der Objektanordnung eine Tastbewegung des Sensors erforderlich ist oder nicht. Eine Körperkante läßt sich mit einem punktförmig erfassendenen Sensor durch eine Tastbewegung quer zum Kantenverlauf ermitteln. Diese Tastbewegung ist nicht notwendig, wenn ein zweidimensional erfassender Sensor, z.B. eine Fotodiodenzeile, die quer zur Körperkante angeordnet ist, verwendet wird. Um die Anordnung eines Bauteils auf einer ebenen Unterlage, die eine translatorische und zwei rotatorische Richtungen des Körpers festlegt, vollständig zu bestimmen, müssen zwei Körperkanten an drei Stellen erfaßt werden, entweder durch eine entsprechende Tastbewegung oder durch einen linear erfassenden Sensor (*Bild 2.8*). Eine dritte Möglichkeit besteht in der Verwendung eines flächig erfassenden Sensors, also z.B. einer Zeilenkamera mit geeigneter Bildauswertung.

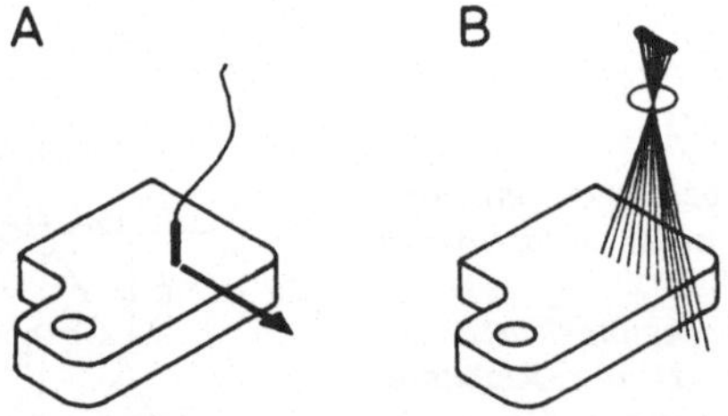

Bild 2.8: Anordnungsmessendes Bestimmen einer Körperkante durch einen quer zur Kante bewegten punktförmig erfassenden Sensor (A) und einen quer dazu stationär angeordneten linear erfassenden Sensor (z.B. Fotodiodenzeile) (B)

Bei der Konturerfassung sind grundsätzlich zwei Problemarten zu unterscheiden. Eine Problemart, die des physikalischen Prinzips, betrifft die meßtechnische Erfassung der Körperkontur also das Erkennen einer tatsächlich vorhandenen Kontur und deren Unterscheidung von anderen Linien, die z.B. bei einer optischen Erfassung durch eine Kontrastbildung aufgrund von Fremdlichteinwirkung hervorgerufen werden können. Die zweite Problemart, die der Bildauswertung ist logischer Natur, und bezieht sich auf die Unterscheidung der (interessierenden) Bezugskonturen von anderen (nicht ineressierenden) Konturen des Körpers oder der Umgebung. Die Lösung beider Problemarten kann durch eine geeignete Abstimmung zwischen der Teilegestaltung (Oberflächen, Kantenformen, Zusatzkanten, etc.) und dem Sensorsystem (pysikalisches Prinzip, Meßwertauswertung, Prozeßführung, etc.), wesentlich vereinfacht werden, sodaß sich mit einfachen Mitteln ein zuverlässiger Bestimmprozeß erzielen läßt. Ein geschickt geplanter Bestimmprozeß ermöglicht oft die Verwendung kostengünstiger Sensorsysteme (vgl. [69, 70]). Bei Tastverfahren, die sich mit kostengünstigen Sensoren ausführen lassen, sind unter Umständen vor den eigentlichen Bestimmtastungen Suchtastungen zum Auffinden eines Formelements oder nach der Bestimmung Plausibiltätstastungen zur Verifizierung des Bestimmergebnisses nötig. Auch dies ist bei der Teilegestaltung durch gegebenenfalls vorzusehende Formelemente zu berücksichtigen. Kamerasysteme sind in der Regel aufwendiger, da die Bildauswertung umfangreiche Rechenoperationen erfordert, um durch Vergleich der aufgenommenen Kontur mit einer gespeicherten Kontur die für die Bestimmung maßgeblichen Konturelemente herauszufiltern und deren Anordnung zu bestimmen.

Bestimmvorgänge sind in der Montage meistens im Zusammenhang mit gezielten Teilebewegungen erforderlich. Eine Ausnahme bilden allenfalls Prüfvorgänge, bei denen die Teileanordnung lediglich gemessen wird, ohne sie zu ändern. Deshalb lassen sich anordnungsmessende Bestimmverfahren in der Regel nur in Kombination mit einem freiprogrammierbaren Handhabungsgerät sinnvoll einsetzen. Nach der Messung der geometrischen Anordnung und der Meßdatenauswertung werden Verfahrkoordinaten für einen Industrieroboter generiert, der eine programmierte Bewegung entsprechend den aktuellen Werten ausführt.

2.2.4 Kombination mehrerer Bestimmverfahren

Die spezifischen Vorteile jedes Bestimmverfahrens, des anordnungsändernden und des anordnungsmessenden, können durch eine günstige Kombination der Verfahren so genutzt werden, daß die Montageanlage den optimalen Flexibilitätsgrad erreicht, der durch die produktspezifischen Anlagenkomponenten festgelegt wird. Produktspezifische Anlageneigenschaften resultieren zu einem wesentlichen Anteil aus der Funktion der Bestimmung der Teileanordnung. So sind Bestimmelemente zum anordnungsändernden Bestimmen von Werkstücken häufig werkstückspezifisch ausgeprägt, da das Bestimmverfahren darauf beruht, zwischen den Bestimmflächen von Bauteil und Bezugssystem eine Idendität herzustellen. Bestimmelemente bei Teilebereitstellsystemen oder Greifern sind aus diesem Grund von Konturflächen des Werkstücks abzubilden.

Nachteil der anordnungsmessenden Bestimmverfahren ist der relativ hohe gerätetechnische und zeitliche Aufwand bei großer Bestimmungsgraderhöhung. Durch eine vorteilhafte Kombination des anordnungsändernden und des anordnungsmessenden Bestimmens kann aber ein Optimum zwischen der teilespezifischen Auslegung und dem Aufwand zum Messen der Anordnung erreicht werden. Ein Beispiel für die zweckmäßige Kombination der beiden Bestimmverfahren zeigt *Bild 2.9*, wo es um das Bereitstellen von Flachteilen mit unterschiedlichsten Außenkonturen, etwa entsprechend den in *Bild 2.9 A)* dargestellten, geht. Solche Flachteile haben die Eigenschaft, insgesamt nur vier Vorzugslagen einzunehmen. Gelingt es, die Teile so gegen zwei feste Anschläge zu fördern, daß sie sich in jeder der Vorzugslagen in einer genau definierten Anordnung befinden, dann hängt die vollständige Bestimmung nur noch davon ab, die Vorzugslagen voneinenander zu unterscheiden (*Bild 2.9 B*). Die Unterscheidung der Vorzugslagen muß an Hand charakteristischer Formmerkmale mit Hilfe eines Sensorsystems erfolgen. In *Bild 2.9 B)* ist am Beispiel eines Hebels in jeder seiner verschiedenen Vorzugslagen eine Stelle markiert, die zur eindeutigen Erkennung dieser Vorzugslage, aufgrund einer Anwesenheitsabfrage an vier festen Raumpunkten dienen kann; denn jeder dieser Raumpunkte wird jeweils nur in einer Vorzugslage durch das Teil belegt. Zur sensorischen Binärabfrage kann beispielsweise eine Reflexlichtschranke verwendet werden oder ein anderer punktförmig erfassender Sensor, dessen Auflösung hoch genug ist, um die maßgeblichen Formelemente von allen anderen sich möglicherweise in der Nachbarschaft befindenden zu unterscheiden. Der Vorgang der Identifikation ist in *Bild 2.9 C)* skizziert. Am Robotergreifer ist ein faseroptisches Sensorsystem installiert, das zum Zweck der Anordnungsidentifikation durch den Roboter in maximal vier Meßanordnungen positioniert wird. Dafür, daß das Teil ausschließlich in einer der vier Vorzugslagen angeordnet ist, ist aufgrund der in zwei Raumrichtungen geneigten Auflagefläche sowie der Bemessung der Anschläge gesorgt. Auflagefläche und Anschläge stellen den Teil der Einrichtung dar, der dem anordnungsändernden Bestimmen dient. Eine derart einfache Einrichtung kann also, ohne sie umzubauen oder umzurüsten, für ein ganzes Teilespektrum genutzt werden. Es ist möglich, die Anordnung einer Anzahl unterschiedlicher Teile *einer* Baugruppe mit Hilfe dieses Systems zu bestimmen, vorausgesetzt, die Einrichtung kann von mehreren Vereinzelungseinrichtungen, z.B. Schrägförderern mit Vereinzelungseigenschaft, bedarfsgemäß aus Teilebunkern beschickt werden.

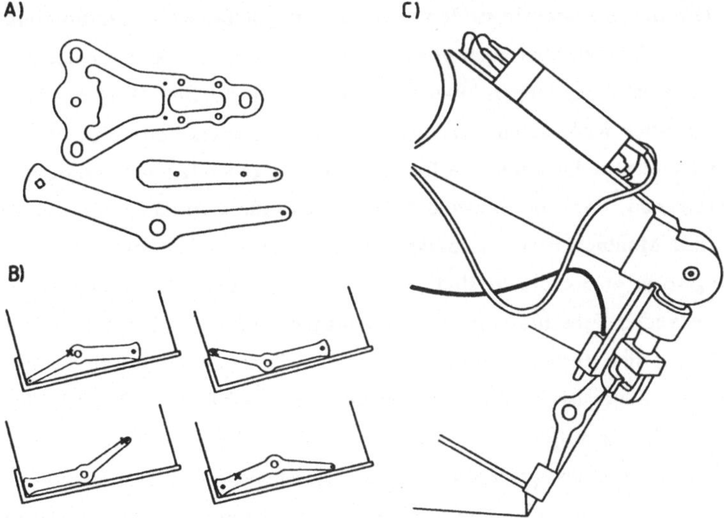

Bild 2.9: Kombination von anordnungsänderndem Bestimmen (schiefe Ebene und Anschläge) und anordnungsmessendem Bestimmen (vom Roboter bewegter punktförmig erfassender faseroptischer Sensor) – Möglichkeit, unterschiedliche Flachteile bereitzustellen, ohne die Anlage umzurüsten
A) Beispiele von Flachteileformen, B) räumlich feste Identifikationspunkte zur Unterscheidung der 4 Vorzugslagen eines bestimmten Teils, C) Geräteanordnung

2.3 Bewegen von Montageobjekten

Den bedeutensten Anteil aller Montagevorgänge nimmt das Bewegen von Bauteilen ein, die aus einer geometrischen Anordnung in eine andere zu bringen sind – zuletzt in die Einbauanordnung. Die Bewegungen werden den zu bewegenden Körpern durch kinematische Systeme aufgeprägt, die danach unterschieden werden können, ob die Körper während der Bewegung fest mit dem Bewegungssystem gekoppelt sind oder ob sie als Bestandteile des Bewegungssystems in die kinematische Kette eingebunden sind (*Bild 2.10*). Im zweiten Fall fungieren Flächen des Körpers als Wirkflächen zur Erzeugung der Bewegung. Beide Formen der Grundkinematik werden bei Montagevorgängen angewandt. Der wesentliche Unterschied in der praktischen Ausführung resultiert aus der grundsätzlich verschiedenen Art der Bestimmung der räumlichen Anordnung der Montageobjekte. Ist der zu bewegende Körper fest mit dem Bewegungssystem gekoppelt, wird er über die kinematische Kette des Bewegungssystems (Industrieroboter) in seiner Anordnung bestimmt. Die Bewegungsform ist den Steuerungsmöglichkeiten des Industrieroboters entsprechend flexibel, aber auch hinsichtlich der eingeschränkten Genauigkeit fest an dieses System einer langen kinematischen Kette gebunden. Wird die Bewegung unmittelbar über Wirkflächen des zu bewegenden Körpers bestimmt, ist die kinematische Kette sehr kurz und die Bestimmung der geometrischen Anordnung entsprechend genau. Nachteil im zweiten Fall ist, daß die Wirkflächen beider Koppelglieder, des Montageobjekts und des Partners, unmittelbar auf die gewünschte Bewegungsform abzustimmen sind. Ist der Partner ein Anlagenteil, ergeben sich unter Umständen Einschränkungen der Anlagenflexibilität. Diese Einschränkungen sind sicherlich gering, wenn es sich bei dem Partner um ein Teil des Produkts, also z.B. den Fügepartner oder ein gleiches Teil im Magazin, handelt. Meistens werden die Montageobjekte vom Start- zum Zielort durch mehrere hintereinander geschaltete Systeme bewegt, deren kinematisches Prinzip den geforderten Ansprüchen (hohe Flexibilität, hohe Genauigkeit) entsprechend gewählt werden kann.

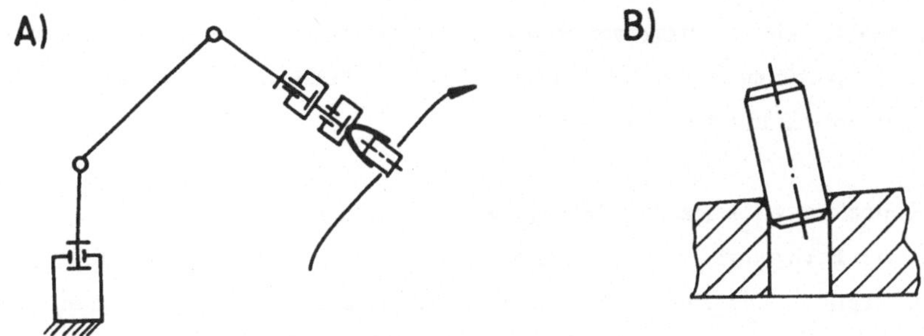

Bild 2.10: Kinematische Systeme zum Bewegen von Montageobjekten A) feste Koppelung des Werkstücks mit dem Industrieroboter, B) bewegliche Koppelung zwischen den Fügepartnern

Gleich welches kinematische System genutzt wird, immer werden die Bewegungen zwischen Start- und Zielort durch definierte Kräfte verursacht, welche die (massebehafteten) Bauteile beschleunigen und sie gegen die Wirkung von Widerstandskräften (Schwerkraft, Reibungskräfte) in einer bestimmten Anordnung oder einem bestimmten Bewegungszustand halten. Beschleunigungskräfte treten zu Beginn der Bewegung, am Ende nach Erreichen der Zielanordnung und während der Bewegung bei einer Änderung der Bewegungsrichtung oder der Orientierung des Teils im Raum auf. Bei der Auslegung eines Bewegungsprozesses kommt es darauf an, die an den Bauteilen wirkenden Kräfte und deren Übertragungsmöglichkeiten zu kennen. Grundsätzlich gibt es zwei Arten der Kraftwirkung, Massenkräfte und Flächenkräfte. Massenkräfte aufgrund der Wirkung von Kraftfeldern (Beschleunigung, Gravitation, etc.) greifen an der gesamten verteilten Körpermasse an und sind proportional der Masse jedes infinitesimalen Körperelements. Flächenkräfte sind Kontaktkräfte, die über eine begrenzte Zone der Körperoberfläche an infinitesimalen Flächenelementen angreifen. Ihre Richtung kann normal oder tangential zur Körperoberfläche sein. Die Höhe übertragbarer positiver Normalkräfte (Drucknormalkräfte) wird durch die Höhe der zulässigen Flächenpressung begrenzt. Negative oder Zugnormalkräfte können durch Adhäsionswirkung übertragen werden. Die Höhe der übertragbaren Zugkräfte ist von der Werkstoffestigkeit und der maximalen Adhäsionskraft abhängig. Tangentialkräfte können ebenfalls durch Adhäsion übertragen werden oder aber durch Reibung. Für die Höhe der übertragbaren Adhäsionskraft gilt das für die Normalkraft gesagte. Die übertragbare Reibkraft hängt vom Reibungskoeffizienten ab und ist proportional zu der Normalkraft, deren Vorhandensein notwendige Bedingung zur Entstehung der Reibkraft ist.

Die Koppelung zwischen dem Bewegungssystem und dem zu bewegenden Bauteil ist je nach Bewegungskinematik (siehe oben) fest oder in bestimmten Freiheitsgraden beweglich. Die Herstellung einer festen Kopplung bezeichnet man beim Handhaben als Greifen, die Kraftübertragungsflächen als Greifflächen. Bewegen mit beweglicher Koppelung soll als Führen bezeichnet werden, die Koppelflächen sowohl am Teil als auch am Bewegungsleitsystem als Führungsflächen. Die Bewegung zwischen den Führungsflächen kann gleitend oder wälzend sein. Die Wirkflächen müssen entsprechend den bei der Bewegung auftretenden Kräften und entsprechend dem Kraftübertragungsprinzip ausgelegt werden. Dabei sind alle am Körper angreifenden Kräfte zu berücksichtigen, Massenkräfte aufgrund der Gravitation sowie sonstiger Beschleunigungen und an den Körperflächen angreifende Widerstandskräfte (Festkörperreibung, Strömungswiderstand).

2.4 Erzeugen von Haltekräften in Verbindungen

2.4.1 Kraftwirkung in Verbindungen

Technische Verbindungen lassen sich in feste und bewegliche Verbindungen einteilen [65, 71]. Die beweglichen Verbindungen bezeichnet man im üblichen Sprachgebrauch als Führungen. Die Aufgabe von Verbindungen ist es, zwischen den miteinander verbundenen Teilen Relativbewegungen der Verbindungswirkflächen zu verhindern. Feste Verbindungen sperren Bewegungen in allen 6 Freiheitsgraden, also 12 Richtungssinnen (6 für die 3 translatorischen und 6 für die 3 rotatorischen Freiheitsgrade), während Führungen eine Relativbewegung in mindestens einem Richtungssinn ermöglichen [65]. Bewegliche Verbindungen mit einem translatorischen Freiheitsgrad werden üblicherweise Linearführung, solche mit einem rotatorischen Freiheitsgrad Lager oder Gelenk genannt.

Um den Zusammenhalt zwischen den verbundenen Körpern zu gewährleisten, müssen die Verbindungen den auf sie wirkenden Kräften entsprechende Reaktionskräfte entgegensetzen. Kräfte zwischen Körpern werden über Wirkflächenpaare übertragen [72]. Eine Trennung der gepaarten Wirkflächen verhindern die Schlüsse [65]. Nach ihrer Art kann zwischen Stoff-, Form- und Reibschluß unterschieden werden. Die Wirkung stoffschlüssiger Verbindungen, die durch Schweißen, Löten oder Kleben zustande kommt, beruht auf Adhäsions- und Kohäsionskräften. Eine Kraftübertragung ist prinzipiell in allen Richtungssinnen möglich. Ihre Höhe wird durch die Größe der Wirkflächen und durch die werkstoff- und verarbeitungsbedingten Kohäsions- und Adhäsionskräfte bestimmt. Die formschlüssige Kraftübertragung ist auf die Kohäsionskräfte in den Wirkräumen der sich berührenden Körpern zurückzuführen. Kennzeichnend für den Formschluß ist, daß er nur eine Druckkraft senkrecht zur Berührebene, also in einem Richtungssinn, überträgt. Der Reibschluß überträgt Kräfte in allen Richtungen der Berührebene. Die Höhe der übertragbaren Kräfte wird vom Reibungskoeffizienten der Flächenpaarung und von der wirkenden Normalkraft bestimmt.

Da nur ein Stoffschluß in allen zwölf Richtungssinnen Relativbewegungen zwischen zwei Verbindungswirkflächen sperrt, sind bei Verbindungen mit Form- oder Reibschlußwirkung immer mehrere Elementschlüsse erforderlich. Voraussetzung eines Reibschlusses ist grundsätzlich ein Formschluß senkrecht zu den Reibschlußrichtungen. Die Elementschlüsse sind in Form von Schlußketten angeordnet. Da ein Formschluß nur einen Richtungssinn sperrt, ist die Schlußkette einer nicht stoffschlüssigen festen Verbindung notwendigerweise geschlossen. In der Schlußkette wechseln sich Wirkkörperschlüsse, die inneren, und Wirkflächenschlüsse, die äußeren Schlüsse, ab (*Bild 2.11*) [65]. Von einer festen Verbindung fordert man in der Regel Spielfreiheit. Spielfrei ist eine nicht stoffschlüssige Verbindung nur, wenn die Elemente der Verbindung, die die geschlossene Schlußkette bilden, gegeneinander verspannt sind. Man bezeichnet solch eine Schlußkette deshalb als Spannungsring [65]. Auch eine Verbindung, die in allen zwölf Richtungssinnen durch einen Formschluß gesichert ist, muß, wenn sie spielfrei sein soll, vorgespannt werden. Die Kraft, mit der die Verbindungspartner an den Verbindungswirkflächen zusammengepreßt werden, muß mindestens so groß sein, wie die maximale Betriebskraft, welche die beiden Teile zu trennen versucht. Die Vorspannkraft wird durch mechanische Energiespeicher erzeugt, häufig durch die elastische Verformung der sich im Spannungsring befindenden Bauteile. Verbindungen, die auf der Wirkung von Spannungsringen beruhen, werden auch als kraftschlüssige Verbindungen bezeichnet [65].

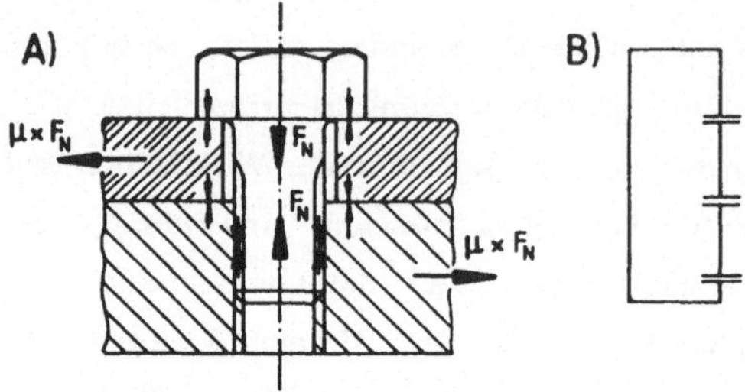

Bild 2.11: Darstellung von Verbindungen als Schlußketten nach [65]
A) Kräfteplan, B) symbolische Kettenstruktur

2.4.2 Energiebeziehungen bei der Herstellung von Verbindungen

Die energetische Relation zweier miteinander verbundener Teile ist durch eine Kräfte- und Momentenbeziehung gekennzeichnet, welche die Höhe der Kraft bzw. des Moments in jeder Raumrichtung bestimmt, die zur Trennung der Teile voneinander führt. Der Verbindungszustand kann durch ein relatives Energieminimum beschrieben werden, der nur dann geändert wird, wenn ein bestimmter Energiebetrag aufgebracht wird, der der Schwellenergie entspricht (*Bild 2.12*). Die energetische Relation einer Verbindung wird in der Montage gebildet, indem solche Energieschwellen errichtet oder aktiviert werden. Eine Energieschwelle wird errichtet, wenn Arbeit geleistet wird, z.B. um einen Kraftschluß durch die elastische Verformung von Bauteilen zu erzeugen. Aber auch zur plastischen Verformung z.B. eines Niets wird Arbeit geleistet, um eine Energieschwelle gegen das Lösen der Verbindung zu schaffen. Beim Schweißen und Löten wird thermische Energie in mechanische Verbindungsenergieschwellen umgewandelt. Um die Aktivierung vorhandener Energieschwellen handelt es sich, wenn Haltekräfte erzeugt werden, ohne Arbeit zu leisten. Das ist z.B. beim Verkleben von Bauteilen der

Fall, wo vorhandene Molekularkräfte genutzt werden, indem die Stoffe in innige Berührung miteinander gebracht werden. Wird die Klebeverbindung durch eine Vernetzungsreaktion hergestellt, so ist zur Schaffung der Verbindung ein bestimmter Energiebetrag in Form von Wärme aufzubringen [73], also eine Energieschwelle zu errichten. Vorhandene Energieschwellen werden aber auch aktiviert, wenn ein Formschluß erzeugt wird. Um eine Verbindung in der Richtung des Formschlusses zu lösen, müssen die Teile zerstört werden, d.h., es müssen die Kohäsionskräfte im Material überwunden werden.

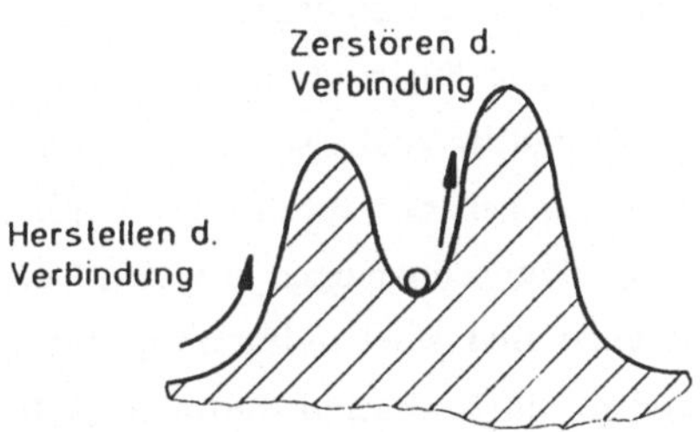

Bild 2.12: Symbolische Darstellung der Energiebeziehungen in einer Verbindung

Die energetische Relation einer Verbindung wird in der Montage durch die Leistung von Fügearbeit geschaffen. Die Größe der Fügearbeit hängt von der Festigkeit der zu erzeugenden Verbindung, aber auch ganz wesentlich von der Gestaltung der Verbindung ab. Keine Fügearbeit ist bei manchen Klebverbindungen zu leisten, wenn beim Fügevorgang lediglich Energieschwellen aktiviert, jedoch nicht erzeugt werden. Bei kraftschlüssigen Verbindungen wird die Höhe der Fügearbeit im wesentlichen durch die Gestaltung des Kraftflusses in der Verbindung bestimmt (s. Abschn. 6.2.1). Fügearbeit zur Herstellung kraft- und formschlüssiger Verbindungen ist Verformungsarbeit, die zur elastischen oder plastischen Verformung von Bauteilen dient und in Form von thermischer oder mechanischer Energie übertragen wird. Durch Erwärmen oder Abkühlen von Bauteilen werden sog. Schrumpfverbindungen erzeugt. In den meisten Fällen wird die Fügearbeit aber als mechanische Arbeit durch Aufbringen einer Fügekraft oder eines Fügemoments geleistet.

Hohe Fügekräfte/-momente werden im Montageprozeß durch geeignete Fügeeinrichtungen aufgebracht, deren Kosten in starkem Maß von der zu leistenden Fügearbeit bestimmt werden. Bei der Gestaltung von Verbindungen ist deshalb ein möglicher Zusammenhang zwischen der Fügekraft und den Montagekosten zu beachten. Da dieser Zusammenhang nicht eindeutig formulierbar ist (die Montagekosten werden noch von einer Reihe anderer Faktoren bestimmt), kann keine allgemeingültige Regel abgeleitet werden. Vor allem gilt es immer darauf zu achten, ob durch eine Vereinfachung, hier also eine Verminderung der Fügearbeit, nicht andere Montagevorgänge erschwert oder zusätzliche erforderlich werden. Auch die Anwendung der unterschiedlichen Fügeverfahren, die hinsichtlich ihrer Wirkung grundsätzlich alternativ verwendbar sind, ist vielfach eingeschränkt. So kommen Schweiß- und Lötverfahren wegen der spezifischen Arbeitsbedingungen häufig nicht in Betracht. Klebeverbindungen genügen in vielen Fällen nicht den Betriebsanforderungen. Diese Gründe sind wohl dafür maßgebend, daß im Maschinen-, Fahrzeug- und Feingerätebau die Kraftschlußverbindung die am meisten verbreitete Verbindung darstellt.

2.5 Zusammenfassung

Die mögliche Beschränkung auf drei Grundfunktionen und eine begrenzte Menge physikalischer Effekte und Konstruktionsprinzipien zur Umsetzung der Grundfunktionen zeigt, daß jedem Montageprozeß und -teilprozeß wenige gleichartige Wirkungszusammenhänge zugrunde liegen. Damit steht ein Instrumentarium zur Reduzierung der unübersehbaren Vielfalt von Prozeßrealisierungen und deren Anforderungen an die Produktgestaltung zur Verfügung, die auf der Ebene der Gerätetechnik notwendigerweise vorliegt. Durch Zusammensetzen von Grundelementen kann ein beliebiger Montageprozeß im Grenzbereich zwischen Produkt und Montageanlage systematisch entwickelt werden. Die Kenntnis der begrenzten Anzahl gleichartiger Wirkungszusammenhänge erleichtert die Suche nach konstruktiven Lösungen zur Erzielung eines bestimmten Effektes, mit dem ein Montageprozeß gezielt beeinflußt werden kann.

3. Montageanlagen mit Industrierobotern

3.1 Aufteilung eines Montageprozesses in Teilprozesse und Verteilung der Aufgaben auf Komponenten einer Montageanlage

Montageanlagen mit Industrierobotern sind Maschinensysteme, die einen automatischen Montageprozeß bewirken. Der Montageprozeß setzt sich aus Teilprozessen zusammen, die in Handhabungsprozesse und Fügeprozesse eingeteilt werden können. Meß-, Prüf- und Justiervorgänge werden bei dieser Einteilung als Bestandteile von Handhabungs- und Fügeprozessen betrachtet, da sie für sich nicht unmittelbar zum Montagefortschritt beitragen aber notwendig zur Erzielung eines gewünschten Handhabungs- oder Fügeergebnisses sind. Handhabungsprozesse und Fügeprozesse lassen sich nicht immer eindeutig gegeneinander abgrenzen, nämlich dann nicht, wenn man den Übergang von Handhabungsbewegungen in Fügebewegungen betrachtet, der häufig fließend ist. Als eindeutiges Abgrenzungsmerkmal, freilich mehr unter dem Aspekt der klaren Begriffsdefinition als dem der Prozeßabgrenzung, mag in diesen Fällen der Zeitpunkt der gegenseitigen Berührung der Fügepartner dienen. Sind bis dahin alle Freiheitsgrade der Bewegung ungebunden, so wird ab dem Zeitpunkt der Berührung mindestens ein Freiheitsgrad eingeschränkt [34].

Die vorgenommene Abgrenzung zwischen dem Handhaben und dem Fügen erweist sich auch im Hinblick auf die Entflechtung und Gliederung des Problemkomplexes *montagegerechtes Konstruieren* als zweckmäßig, da zwischen der Verbindungsgestaltung und dem Fügeprozeß ein Wirkungszusammenhang besteht, der sich relativ gut von den anderen, die Produktgrenzen überschreitenden Wirkungszusammenhängen isolieren läßt. Die fügeprozeßorientierte Verbindungskonstruktion beinhaltet nicht zuletzt eine die Fügebewegung begünstigende Gestaltung der Fügeflächen, die in dieser Bewegungspahse Wirkflächen in der kinematischen Kette des Bewegungssystems darstellen. Die Fügeflächen wirken auf das Prozeßgeschehen erst ein, nachdem sich die Fügepartner an den Fügeflächen berührt haben (Beginn der Fügebewegung). Auf die unmittelbar vorgelagerte Handhabungsbewegung haben die Fügeflächen dagegen im allgemeinen keinen Einfluß. Kennzeichnend für Fügeprozesse ist nicht immer und nicht ausschließlich die Fügebewegung. Daneben tragen noch eine Reihe anderer Vorgänge zur Schaffung von Verbindungen zwischen Körpern bei. Die Verfahren zur Herstellung von Verbindungen werden als Fertigungsverfahren bezeichnet und sind in DIN 8593 nach einem hierarchisch gegliederten Schema eingeteilt (s. Abschn. 5.1).

Alle übrigen Montagevorgänge, die nicht in den Bereich des Fügens fallen, werden zum Handhaben gerechnet. Systemkomponenten, die Handhabungsprozesse bewirken bezeichnet man entsprechend als Handhabungseinrichtungen. Die zentrale Handhabungseinrichtung in einer Robotermontageanlage stellt der Industrieroboter dar, der im Montageprozeß als das wichtigste Verknüpfungsorgan wirkt, das die Einzelteile entsprechend der Baustruktur des Produkts zueinander bringt. Dabei kommt dem Industrieroboter auch ein wesentlicher Teil der Fügeaufgaben zu, indem von diesem Gerät die Einzelteile des Produkts zusammenlegt werden. Zusammenlegen ist in DIN 8593 als eigene Verfahrensgruppe geführt. Hält man sich an die oben angegebene Definition (was jedoch in diesem Zusammenhang als unzweckmäßig betrachtet wird), müßte der Industrieroboter strenggenommen auch als Fügeeinrichtung bezeichnet werden. Dieser mögliche Einwand gewinnt zusätzlich eine gewisse Berechtigung, wenn der Industrieroboter ein Fügewerkzeug handhabt, z.B. eine Schraubspindel oder ein Nietwerkzeug (vgl. [69]). Fügeeinrichtungen sollen hier jedoch zur eindeutigen Begriffsunterscheidung nur Einrichtungen eines Montagesystems genannt werden, die Fügeaufgaben übernehmen, die vom Industrieroboter nicht unmittelbar wahrgenommen werden können, also Pressen, Schraubautomaten, Schweißeinrichtungen usw..

Dem vom Industrieroboter ausgeführten Handhabungsprozeß geht ein weiterer Handhabungsprozeß voraus, nämlich der Prozeß der Teilebereitstellung. Aufgabe der Teilebereitstelleinrichtungen ist es, dem Industrieroboter die zu montierenden Einzelteile oder Baugruppen in der vom Montageprozeß geforderten geometrischen Anordnung und zeitlichen Reihenfolge zur Verfügung zu stellen. Teilebereitstelleinrichtungen haben neben der systeminternen Schnittstelle zum Industrieroboter eine weitere Schnittstelle zum übergeordneten betrieblichen Materialflußsystem, das die Teileversorgung sicherstellt.

3.2 Bestimmungsmerkmale von Montagerobotern

Industrieroboter stellen in Montagesystemen Standardkomponenten dar, die durch eine Reihe von Merkmalen gekennzeichnet werden können. Diese Merkmale charakterisieren zum einen das Leistungsvermögen bezogen auf den Montageprozeß, zum andern die Schnittstellenbedingungen zu anderen Komponenten der Montageanlage. Im folgenden sollen einige dieser Eigenschaften kurz angesprochen werden, ohne im Detail und in aller Vollständigkeit ihr Zustandekommen zu behandeln. Denn es ist nicht beabsichtigt, näher auf das umfangreiche Thema *Montageroboter* einzugehen, als es die vorliegende begrenzte Thematik unbedingt erfordert. Im übrigen sei auf das umfangreiche Schrifttum hingewiesen (z.B. [74–80]).

Die kinematische Struktur eines Industrieroboters bestimmt sowohl einen Teil des Leistungsvermögens dieses Geräts im Montageprozeß als auch der Schnittstelleneigenschaften zu anderen Systemkomponenten. Für den Montageprozeß ist die Form, die räumliche Anordnung und die Genauigkeit erzielbarer Bewegungsbahnen von Bedeutung. Zur Ausführung beliebiger Bewegungsbahnen im Raum mit beliebiger Orientierung des Werkzeugs (Greifers) sind Geräte mit mindestens sechs Bewegungsachsen (davon mindestens drei Drehachsen) erforderlich. Wesentlich durch den kinematischen Aufbau wird auch die Bewegungsgenauigkeit beeinflußt. Eigentlich verantwortlich für die Bewegungsgenauigkeit ist zwar die Steifigkeit der mechanischen Komponenten sowie das gesamte Steuerungs- und Regelsystem der Antriebe. Die Auswirkungen von Ungenauigkeiten dieser Komponenten werden aber durch die Anordnung und die Art der Gelenke (in der Roboterterminologie Achsen genannt), also die kinematische Struktur beinflußt. Die größte Nachgiebigkeit ergibt sich in der Richtung der Gelenkfreiheit. Deshalb macht sich der Einfluß der Schwerkraft auf die Positioniergenauigkeit unterschiedlich bemerkbar, je nachdem, ob die Achsen von Drehgelenken horizontal oder vertikal angeordnet sind. Die höhere Positioniergenauigkeit von SCARA-Robotern (Horizontalknickarmroboter) gegenüber Vertikalknickarmrobotern resultiert maßgeblich aus der vertikalen Anordnung der Drehgelenkachsen (*Bild 3.1*). Eine hohe lineare Bahngenauigkeit von SCARA-Robotern ergibt sich aufgrund der Führungsgenauigkeit der senkrechten Linearachse. Denn grundsätzlich sind die Bahngenauigkeiten von

Bewegungen, die durch das Bewegen einer einzigen Achse erzeugt werden, höher als die durch gleichzeitiges Bewegen mehrerer Achsen. Im ersten Fall wird die Bewegung durch die Wirkflächen der Linearführung sehr genau bestimmt, im zweiten kann die Bewegungsbahn durch die Interpolationsrechnung der Steuerung und das Regelverhalten der Antriebe nur angenähert werden.

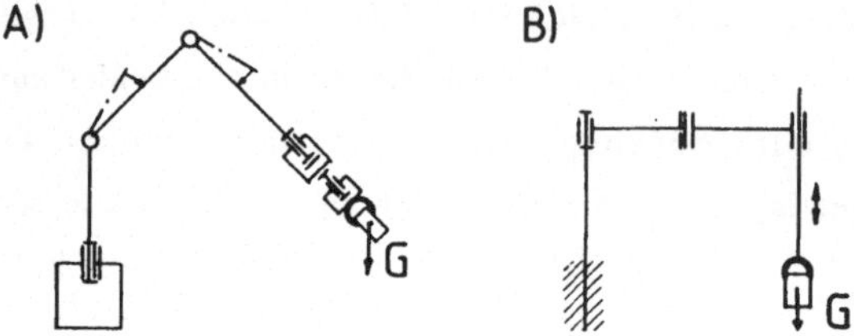

Bild 3.1: Einfluß der kinematischen Struktur auf die Genauigkeit eines Industrieroboters
A) Vertikalknickarmroboter, B) Horizontalknickarmroboter (SCARA)

Die kinematische Struktur ist auch verantwortlich für die Hüllflächenform des Arbeitsraums, eine Schnittstelleneigenschaft, welche die mögliche Anordnung von Peripherieeinheiten beeinflußt (*Bild 3.2*). Eine wesentliche von der Roboterkinematik bestimmte Schnittstelleneigenschaft ist die Zugangsrichtung zu Peripherieeinheiten, also die mögliche Entnahmerichtung von Teilebereitstelleinrichtungen oder die mögliche Beschickrichtung von Fügeeinrichtungen. Die zulässigen Beschick- und Entnahmerichtungen hängen von der Orientierungsmöglichkeit des Greifers und den möglichen Bewegungsrichtungen im Peripheriebereich ab. Für SCARA- und Portalroboter sind Peripherieeinheiten am günstigsten so anzubringen, daß sie von oben zugänglich sind und eine Teilentnahme möglichst nach oben erfolgt (*Bild 3.3*). Bei sechsachsigen Vertikalknickarmgeräten besteht eine derartige Einschränkung nicht. Die Eigenschaften der möglichen Werkzeugorientierung und Bewegungsrichtungen sind im übrigen ebenso bedeutsam an der Schnittstelle zum Montageobjekt. Hier ergibt sich ein direkter Zusammenhang zwischen der Roboterkinematik und der Produktgestaltung, der bei der Konstruktion von erheblicher Bedeutung sein kann. Die Größe des Arbeitsraums ist maßgebend für den möglichen Arbeitsinhalt einer Montagezelle. Sie wird von den kinematischen Abmessungen und dem Bewegungsbereich der "Achsen" bestimmt.

Bild 3.2: Anordnung der Peripherieeinheiten im Arbeitsbereich des Industrieroboters am Beispiel der Dichtungsfolienmontage an Pkw-Türen [81]

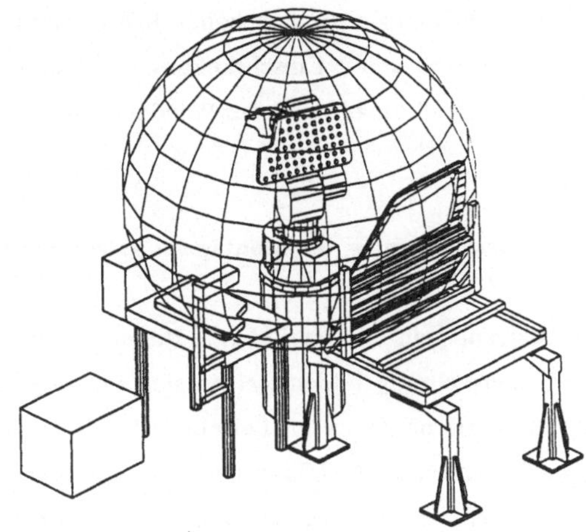

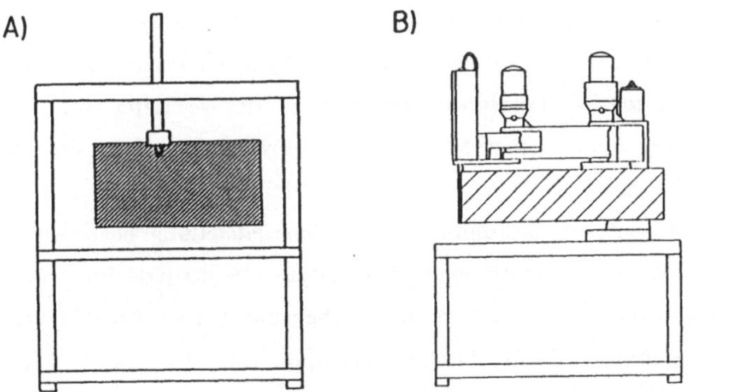

Bild 3.3: Einschränkung der Zugangsrichtungen aufgrund der kinematischen Struktur von Industrierobotern
A) Portalroboter, B) SCARA-Roboter

Die bei der Auslegung von Montageprozessen insbesondere zu beachtenden Gesichtspunkte sind im folgenden stichpunktartig zusammengestellt:

- erzielbare Positionier- und Bahngenauigkeit (quantitative Angabe möglich),

- maximales Handhabungsgewicht sowie Zusammenhang zwischen Verfahrgeschwindigkeit und zu handhabender Masse (quantitative Angabe möglich),

- Zusammenhang zwischen hoher Bahngenauigkeit und eingeschränkter Beweglichkeit und damit Einschränkung der Möglichkeiten zur Peripherieanordnung, der Fügerichtungen und des Wendens von Teilen im Montageprozeß.

3.3 Strukturierung von Montageaufgaben und Montageanlagen

Montageanlagen, die im Rahmen dieser Arbeit den Hintergrund einer Montageprozeßbetrachtung bilden, setzen sich im wesentlichen aus den Grundkomponenten Industrieroboter und Teilebereitstelleinrichtungen sowie gegebenenfalls Fügeeinrichtungen und Transporteinrichtungen (zum Teile- oder Baugruppentransport in oder aus dem Roboterarbeitsraum) zusammen. Eine Montageaufgabe wird je nach Umfang durch einen oder mehrere Industrieroboter erfüllt. Werden mehrere Industrieroboter gleichzeitig eingesetzt, so ist danach zu unterscheiden ob diese in einer Montagezelle mit sich überschneidenden Arbeitsräumen zusammenarbeiten oder durch ein Transportsystem miteinander verkettet sind. Der maximale Arbeitsumfang, der in einer Montagezelle verrichtet werden kann, ist durch die räumlichen Verhältnisse zwischen dem Industrieroboter und den von ihm zu erreichenden Anlagenteilen bestimmt. Jede Teilebereitstellung beansprucht einen gewissen Anteil des Industrieroboterarbeitsraums, ebenso jede Fügeeinrichtung und jedes Transportsystem. Der tatsächliche Arbeitsumfang wird bei Einzelmontagezellen jedoch durch die Teilezahl der Baugruppe bzw. des Produkts festgelegt. Bei miteinander verketteten Montagezellen sind neben der Baugruppenstruktur Taktzeitüberlegungen für die Festlegung des Arbeitsumfanges von Einfluß. Es wird eine möglichst hohe zeitliche Auslastung aller miteinander verbundenen Montagezellen angestrebt.

Für die Teilung von Montageaufgaben gibt es im wesentlichen drei Gründe:

1) Der Umfang der Aufgabe ist für eine Einzelzelle zu groß.
2) Die Produktivität einer Einzelzelle ist zu gering.
3) Für bestimmte Montageteilaufgaben werden spezielle Montagezellen eingesetzt.

zu 1): Ist der Umfang der Montageaufgabe für eine Einzelzelle zu groß, können die Montageteilaufgaben durch miteinander verkettete Montagezellen gleichzeitig ausgeführt werden oder durch eine einzige Montagezelle zeitlich hintereinander. Im zweiten Fall handelt es sich um die losweise Montage von Baugruppen eines Produkts, die der Reihe nach fertiggestellt werden und bis zu ihrer Endmontage zwischengelagert werde. Die Montagezelle muß für die unterschiedlichen zeitlich aufeinanderfolgenden Montageaufgaben umgerüstet werden. Welche der beiden Lösungen am günstigsten ist, hängt neben dem Lager- und Rüstkosteneinfluß im wesentlichen von der geforderten Produktivität ab.

zu 2): Ist die Produktivität einer Montagezelle zu gering, also die Montagezeit zu hoch, muß die Montageaufgabe auf mehrere Montagezellen verteilt werden. Hierzu kommen zwei verschiedene Montagesystemstrukturen mit entsprechender Aufgabenstruktur in Frage. Sind die Montagezellen zu einer komplexen Montageanlage verkettet, übernimmt jede Montagezelle einen Teil der Gesamtaufgabe (aufgabenergänzende Montagezellen). Sind sie unverkettet, wird in jeder der aufgabenidentischen Montagezellen jeweils der gesamte Arbeitsumfang zur selben Zeit wie in den anderen erfüllt.

Vorteile der verketteten Lösung können sein:

- die geringere Komplexität jeder Einzelzelle,
- die mögliche Verwendung von Teilebereitstelleinrichtungen mit großem Arbeitsraumbedarf,
- die mögliche Nutzung des Arbeitsraums für zusätzliche Teilebereitstelleinrichtungen zur Variantenmontage.

Nachteile der verketteten Lösung können sein:

- die höhere Komplexität des Gesamtsystems und die damit zusammenhängende geringere Systemverfügbarkeit,
- die im Durchschnitt geringere Auslastung der Montagezellen aufgrund des Problems des Taktzeitausgleichs.

zu 3): Die verfahrensorientierte Gliederung eines Montagesystems und eine Montage nach dem "Werkstattprinzip" (in Analogie zur Teilefertigung: Drehmaschinen, Fräsmaschinen, ...) ist eine sinnvolle Lösung zur Montage sehr kleiner Stückzahlen, setzt aber eine hohe Flexibilität der Peripherie oder große Ähnlichkeit der Produkte (Gruppenfertigung) voraus. Die Montageaufgaben müssen dazu so in Teilaufgaben aufgelöst werden, daß sie von den spezialisierten Montagezellen zu lösen sind.

4. Teilebereitstellung

4.1 Übersicht und Merkmale von Teilebereitstelleinrichtungen

Teilebereitstelleinrichtungen* verknüpfen den übergeordneten betrieblichen Materialfluß mit dem durch den Industrieroboter bewirkten montagesysteminternen Materialfluß. Die Funktion des Verknüpfungssystems Bereitstelleinrichtung ergibt sich aus der Differenz der Bedingungen am Eingang, also der Schnittstelle zum betrieblichen Materialfluß, und am Ausgang, der Schnittstelle zum Industrieroboter.

Die Schnittstelle zum Industrieroboter ist gekennzeichnet durch geometrische und zeitliche Bedingungen. Geometrische Bedingungen ergeben sich aus dem Ordnungszustand, der Orientierung und dem Ort der Teile zur Übergabe an den Industrieroboter. Beim Ordnungszustand unterscheidet man geordnete und ungeordnete Teilebereitstellung. Ungeordnet bedeutet, daß die Teile in beliebiger geometrischer Anordnung an den Industrieroboter übergeben werden, wobei allerdings der Übergabeort auf einen begrenzten Bereich im Arbeitsraum beschränkt ist. Geordnete Teilebereitstellung heißt, daß die Teile zur Übergabe eine feste räumliche Anordnung einnehmen. Der Übergabeort befindet sich in diesem Fall entweder immer an der selben Stelle oder an verschiedenen Stellen im Arbeitsraum des Industrieroboters (vgl. 4.2.1). Die Orientierung der Teile im Raum ist ein im Zusammenhang mit der Industrieroboterkinematik (vgl. Abschn. 3.2) wichtiges Schnittstellenmerkmal. Industrieroboter mit weniger als sechs Achsen können keine beliebigen Schwenk- und Drehbewegungen ausführen. Um zusätzliche Schwenkeinrichtungen zu vermeiden, müssen alle Teile in einer festgelegten räumlichen Orientierung zueinander bereitgestellt werden. Ein nicht funktions- aber lay-out-orientiertes geometrisches Schnittstellenmerkmal ist der Arbeitsraumbedarf einer Bereitstelleinrichtung, aus dem sich ein weitreichender Einfluß auf die gesamte Montagesystemstruktur ergibt (vgl. Abschn. 3.3). Neben diesen geometrischen Bedingungen gibt es noch zeitliche bzw. Mengenbedingung, welche die Zeitpunkte oder die maximalen Zeitabstände der Bereitstellung festlegen.

** lt. VDI 3240 bei zum Teil weiter gefaßtem Funktionsumfang (Werkstückspannen) auch Zubringeeinrichtung genannt*

Die Schnittstelle zum betrieblichen Materialfluß ist im wesentlichen durch die technische Ausführung des Transportsystems und die zeitlichen Lieferbedingungen bestimmt. Das Transportsystem verbindet das Montagesystem mit dem Lager einem vorgelagerten Montagesystem oder direkt mit der Teilefertigung. Die Einzelteile oder Vormontagebaugruppen werden einzeln, in Gruppen (z.B. zusammengestellt zu einem Satz zusammenzubauender Teile) oder in bestimmten Mengen gleicher Teile transportiert. Die Lieferung einzelner Teile oder Teilesätze erfordert ein großes Maß an zeitlicher Abstimmung zwischen dem Transportsystem und dem Montagesystem. Eine derartige Form der Bereitstellung findet deshalb nur in starr verketteten Anlagen Anwendung. Aber selbst in solchen Anlagen sieht man zur Erhöhung der Verfügbarkeit des Gesamtsystems in der Regel Teilepuffer vor. Die häufigsten Formen der Teileanlieferung sind deshalb bestimmte Mengen gleicher Teile, die in Transportbehältern transportiert werden. Je nachdem wie gut der Materialfluß und das Montagesystem aufeinander abgestimmt sind, werden die Einzelteile von den Transportbehältern getrennt oder in den Transportbehältern ruhend an das Montagesystem übergeben.

Montagesysteme benötigen fast immer Bereitstelleinrichtungen, die Teilespeicher beinhalten. Auch in starr verketteten Systemen wird in der Regel nur eine Baugruppe oder ein Teil einzeln transportiert. Ein Merkmal von Teilespeichern ist der Ordnungszustand, in dem die Teile abgelegt sind. Sind die Teile ungeordnet in einem körperlich abgegrenzten Raum gespeichert, spricht man von Bunkern (E VDI 2860, VDI 3240). Eine direkte Entnahme von Teilen aus dem Bunker durch den Industrieroboter (Griff in die Kiste) läßt sich bis heute wegen des großen Aufwands zur Bestimmung der geometrischen Anordnung der in allen 6 Raumrichtungen unbestimmten Teile meist nicht wirtschaftlich realisieren. Teilebereitstelleinrichtungen mit Teilebunkern sind deshalb auch bei nicht geordneter Teilebereitstellung meistens mit einer Entnahmeeinrichtung verbunden, welche die Teile aus dem Bunker vereinzelt und zum Bereitstellungsort fördert. Nach einem anordnungsmessenden Bestimmvorgang können die Teile vom Industrieroboter gegriffen und zur Fügestelle oder zum Wenden zu einer Ablegestelle gebracht werden. Wird vom Montageprozeß eine geordnete Teilebereitstellung verlangt, sind die Teile zusätzlich zu ordnen. Ordnungseinrichtungen sind immer auf ein bestimmtes Teil abgestimmt und nur in Ausnahmefällen umstellbar oder programmierbar (vgl. auch [82] u. [83]). Teilebereitstelleinrichtungen mit starren Ordnungseinrichtungen (z.B. Vibrationswendelförderer) sind weit verbreitet und werden auch in Robotermontagesystemen häufig eingesetzt. Im Rahmen dieser Arbeit soll auf sie nicht näher eingegangen, sondern auf das Schrifttum (z.B. [84–87], VDI 3240) verwiesen werden.

4.2 Magazinierte Teilebereitstellung

4.2.1 Formen der Teilespeicherung und Teilentnahme

Teilespeicher mit geordneter Teileablage bezeichnet man als Magazine (VDI 3240). Nach der geometrischen Anordnung der Teile im Magazin unterscheidet man im wesentlichen Linien- und Flächenspeicherung [88]. Die dritte Möglichkeit ist eine räumliche Speicherung, wenn sich die Teile zum Stapeln eignen und die Speicheranordnung reproduzierbar ist. Die geometrische Anordnung der Teile, die in Magazinen bestimmt ist, muß gegen die Wirkung äußerer Kräfte (Beschleunigungskräfte) aufrecht erhalten werden. Dazu kommen grundsätzlich alle physikalischen Effekte zur Kraftübertragung in Frage (s. Abschn. 2.3). Der häufigste Kraftübertragungseffekt ist der Formschluß. Daneben finden Reibschluß, Stoffschluß und Adhäsionseffekt Anwendung [89]. Kraftübertragungseffekte können als Merkmale zur Charakterisierung von Wirkungseigenschaften bzw. zur konstruktiven Variation einer bestimmten Teilemagazinierung und damit der damit verbundenen Einzelteilgestaltung dienen. Ein weiteres Merkmal der magazinierten Teilebereitstellung ist die Teilebewegung zum Bereitstellungsort. Nach diesem Merkmal sind folgende Fälle unterscheidbar:

1) keine Teilebewegung in raumfestem Magazin,
2) bewegtes Magazin mit darin ruhenden Teilen,
3) Teilebewegung relativ zum raumfesten Magazin:
   3a) Teilebewegung durch äußeren Antrieb,
   3b) Teilebewegung durch Schwerkraft.

Der erste Fall liegt bei der Bereitstellung von Teilen in Flachmagazinen vor, wenn die Teile zur Entnahme vom Industrieroboter direkt an ihren Speicherplätzen gegriffen werden. Vorteile dieser Bereitstellungsart sind der einfache konstruktive Aufbau der Magazine und der bei geeigneten Verfahren relativ geringe Aufwand zur teilespezifischen Auslegung [88]. Auswechselbare Flachmagzine sind für den betrieblichen Materialfluß bei standardisierten Schnittstellen gut geeignet und können durch Palettiereinrichtungen in der Teilefertigung automatisch beschickt werden. Nachteile von Flachmagazinen sind die gegenüber anderen Magazinen geringere Speicherkapazität, die durchschnittlich längeren Teilentnahmezeiten und der große Arbeitsraumbedarf. Die relativ geringe Speicherkapazität ergibt sich vor allem aus der Forderung nach Greiffreiräumen, wenn die Greifflächen durch äußere Körperflächen gebildet werden (*Bild 4.1 A*). Platzverbrauchende Greiffreiräume können jedoch vermieden werden durch den Einsatz von Innenflächengreifern (*Bild 4.1 B*) oder andere Greifprinzipien, z.B. Unterdruck- (*Bild 4.1 C*) oder Magnetgreifer. Dieser Gesichtspunkt ist bei der Teilegestaltung zu berücksichtigen! Der große Arbeitsraumbedarf und die längeren Entnahmezeiten sind dagegen kaum zu vermeiden, da jeder Speicherplatz durch den Industrieroboter erreicht werden muß.

Die einzige Möglichkeit, den Nachteil des großen Arbeitsraumbedarfs auszugleichen, besteht darin, die Magazine relativ zum Industrieroboter zu bewegen, entsprechend Fall 2), und verschiedene Magazine mit den unterschiedlichen Teilen nacheinander in den Arbeitsraum zu fördern. Eine konstruktive Möglichkeit, die einen Magazinwechsel während des Montagezykluses erlaubt, zeigt *Bild 4.2 A*. Jede derartige Maßnahme erfordert einen nicht unerheblichen zusätzlichen Anlagenaufwand (Investitionskosten, Fläche, Wartung), der allerdings nicht produktspezifisch ist und daher die Möglichkeit offenläßt, die Investitionskosten auf mehrere unterschiedliche Produkte zu verteilen. Die längeren Teilentnahmezeiten können ebenfalls durch eine Bewegung des Magazins relativ zum Roboter ausgeglichen werden, indem das Magazin während des Montageablaufs so an unterschiedlichen Orten des Arbeitsraums plaziert wird, daß sich die Teilentnahmestelle stets am selben Ort befindet und der Verfahrweg zur Teilentnahme konstant bleibt (*Bild 4.2 B*).

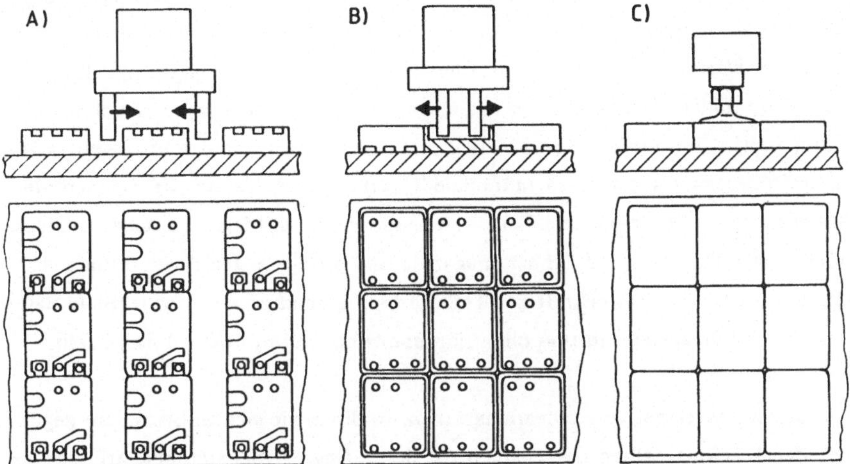

Bild 4.1: Zusammenhang zwischen dem Greifprinzip und dem Greiffreiraum A) Außenflächen-, B) Innenflächen-, C) Vakuumgreifer

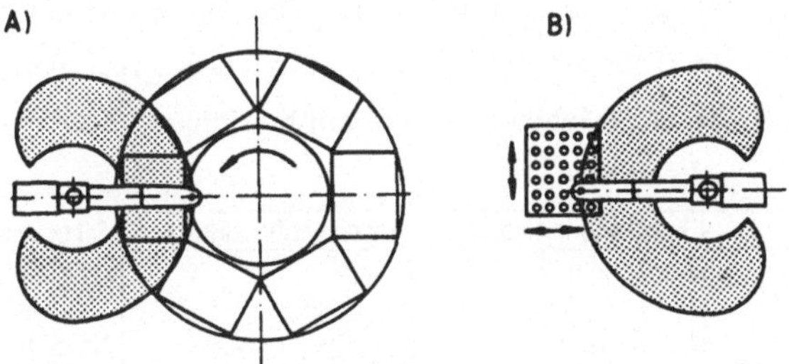

Bild 4.2: Bewegen des Magazins relativ zum Industrieroboter zum Magazinwechsel (A), zur Entnahmewegverkürzung (B)

Entsprechend dem letzten in zwei Unterfälle gegliederten Fall sind alle Linearmagazine mit gleichbleibender Teilentnahmestelle ausgeführt.* Die Teile werden relativ zum Magazin (dem größten Teil dieser Baueinheit) bewegt. Die Transportbewegung wird im Fall 3a) durch einen Antrieb bewirkt, der die Förderkraft auf die Teile überträgt entsprechend den oben angesprochenen möglichen Kraftübertragungsprinzipien. Unterschiedliche Magazinbauformen werden in diesem Fall unter

* *vgl. hierzu auch VDI 3240*

anderem durch die Art der Antriebskraftübertragung auf die magazinierten Teile bestimmt. So kann die Antriebskraft vom Antriebselement unmittelbar auf jedes geförderte Werkstück übertragen werden (Ketten- oder Bandmagazin) oder mittelbar über andere Werkstücke (Kanalmagazine mit Schieber oder Druckluftförderung). Ein Sonderfall der Förderkraftübertragung ist die stoffschlüssige Zugkraftübertragung zwischen miteinander verbundenen Teilen. Zu nennen sind hierbei Stanzstreifen, gegurtete Teile und Endlosmaterial. Magazine ohne Antriebseinheit nach Fall 3b) sind Schachtmagazine und schräg angeordnete Kanalmagazine, bei denen die Schwerkraft zur Teileförderung genutzt wird. Prinzipielle Bauformen von Magazinen mit und ohne Förderantrieb sind in *Bild 4.3* dargestellt.

Wesentliches Merkmal von Linearmagazinen, wodurch sie sich insbesondere gegenüber den Flachmagazinen auszeichnen, ist der geringe Arbeitsraumbedarf, der lediglich durch die Abmessungen der Teilentnahmeeinrichtung bestimmt wird. Im Vergleich zu Flachmagazinen sind jedoch die Einschränkungen hinsichtlich Größe und Gestalt magazinierbarer Teile größer. Deshalb verlangt gerade die Anwendung dieses Magazinierprinzips eine sorgfältige Prozeßauslegung, welche die systematische Einbeziehung der Teilegestaltung erforderlich macht. Auf Auslegungsgrundsätze soll deshalb in den folgenden Abschnitten dieses Kapitels eingegangen werden.

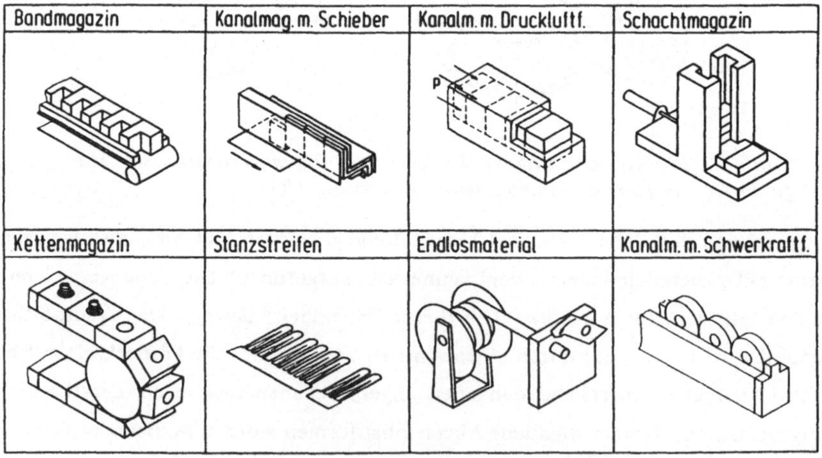

Bild 4.3: Bauformen von Magazinen

4.2.2 Bauformen von Linearmagazinen

Linearmagazine mit gleichbleibender Teilentnahmestelle haben mindestens zwei Funktionen zu erfüllen, die Anordnung der Teile im Magazin in allen Betriebsphasen ausreichend zu sichern und die Teile vom Speicherplatz zur Entnahmestelle zu fördern. Wird auch eine gleichbleibende Eingabestelle zur Teilebefüllung gefordert, muß zusätzlich die Funktion der Teileförderung von der Eingabestelle zum Speicherplatz gewährleistet werden. Funktionsschnittstellen ergeben sich durch die Magazinbefüllung - manuell oder automatisch - und durch die Teilentnahme im Montageprozeß. Zusätzlich sind geometrisch bedingte Kollisionsfreiräume zu den Nachbarsystemen in der Montagezelle zu berücksichtigen sowie gegebenenfalls Schnittstellen zum Umrüstsystem.

Die einfachsten Magazinbauformen ergeben sich bei der Verwendung von Führungsprofilen als Speichermittel, welche die Anordnung der Teile in fünf Freiheitsgraden sichern. In der Richtung des ungesperrten Freiheitsgrades wird die Teilebewegung zum Transport der Teile von der Eingabestelle zum Speicherplatz und vom Speicherplatz zur Entnahmestelle ermöglicht. Die Teile liegen im Führungsprofil dicht hintereinander und berühren sich gegenseitig an Vorder- und Rückseite. Die Teilebewegung im Führungsprofil kann rollend oder gleitend sein. Rollbewegungen sind jedoch nur bei rotationssymmetrischen Teilen möglich und damit auf ein kleines Teilespektrum beschränkt. In der Regel hat man es mit gleitenden Teilebewegungen und damit mit größeren, vor allem aber nicht genau berechenbaren Reibungskräften zu tun, was die Auslegung erschwert, die in erster Linie eine genaue Toleranzfestlegung erfordert.

4.2.3 Auslegungsgesichtspunkte bei Linearmagazinierung

Die Gleitbewegung der Teile in Profilmagazinen muß unter allen möglichen Störbedingungen gewährleistet sein. Störungen machen sich bemerkbar in Form veränderlicher bzw. zusätzlicher Kräfte und in Form veränderlicher geometrischer Verhältnisse an den Teilen (Fertigungstoleranzen) und am Magazin selbst (Fertigungstoleranzen bei Wechselmagazinen und Maßveränderungen durch Umgebungs- und Gebrauchseinflüsse). Ein sicherer Bereitstellprozeß hängt insbesondere von einer geeigneten Festlegung der Fertigungstoleranzen der Einzelteile und der mit ihnen in Kontakt stehenden Magazinbauteile ab. Man muß grundsätzlich von den ungünstigsten tolerierten Bedingungen ausgehen, die zu geringst möglicher Förderkraft und maximal möglicher Widerstandskraft aufgrund der Reibung im Führungsprofil führen. Dabei sind sämtliche während des Prozesses auftretenden Kräfte zu berücksichtigen.

Kräfte werden auf ein isoliert betrachtetes Teil von den Führungen und von den Nachbarteilen an den Kontaktzonen übertragen. Damit sich ein Teil in Förderrichtung bewegt, muß die Förderkraft immer größer als die maximale Widerstandskraft durch Reibung an den Führungsflächen sein. Unter ungünstigen geometrischen Bedingungen wird die Reibkraft aufgrund der Förderkraft so verstärkt, daß sich die Teile im Führungsprofil verklemmen. Zum Verklemmen kommt es, wenn die Förderkraft durch ungünstige Einleitung aufgrund von Hebel- oder Keileffekten normal zur Führung umgelenkt wird und auf diese Weise eine die Förderkraft übersteigende Reibkraft bewirkt (*Bild 4.4*). Deshalb bestehen die wesentlichen Prozeßgestaltungsmaßnahmen in der Festlegung und Dimensionierung von Führungs- und Kraftangriffsflächen des bereitzustellenden Teils. Führungsflächen und Berührungsflächen mit den Nachbarteilen sind dabei so anzuordnen, daß möglichst geringe Momente und Seitenkräfte entstehen, die eine unerwünschte Reibkraft bewirken können. Die Größe der Flächen richtet sich nach den zu übertragenden Kräften und den Werkstoffkenngrößen. Die Festlegung der Toleranzen hängt vom zulässigen Spiel in den Magazinführungen ab. Das zulässige Spiel wird im Speicherbereich des Profils im wesentlichen durch die Führungslänge bestimmt und läßt sich aus dem zulässigen Kippwinkel ableiten (*Bild 4.5*).

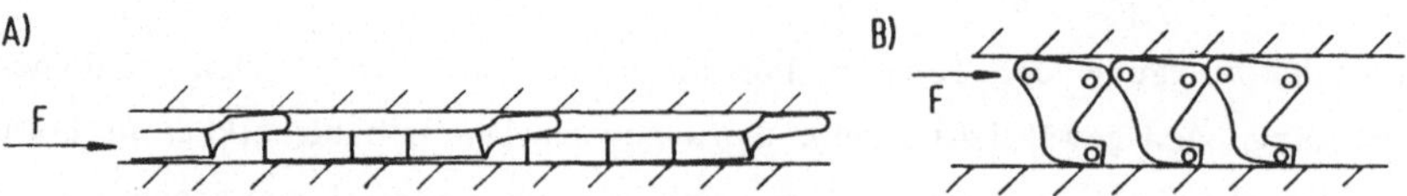

Bild 4.4: Verkeilen (A) und Verklemmen (B) im Führungsprofil

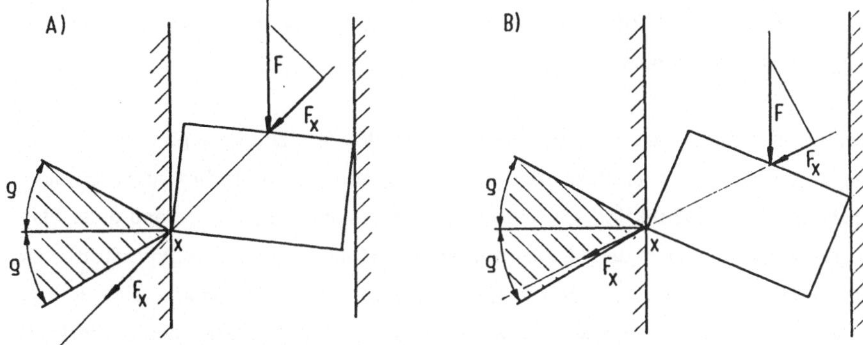

Bild 4.5: Zusammenhang zwischen Führungslänge und Führungsspiel, ausschlaggebend die Lage der Geraden durch den Angriffspunkt der Kraft F und den Berührpunkt X zwischen dem Körper und der Magazinwand, A) außerhalb des Reibungskegels: keine Selbsthemmung, B) innerhalb des Reibungskegels: Selbsthemmung, Klemmen

Vor der detaillierten Prozeßgestaltung muß die Förderrichtung und die Entnahmerichtung festgelegt werden. Kriterien für die Festlegung der Förderrichtung sind:

- die Speicherkapazität des Magazins,
- die optimale Anordnung der Teile zur Übergabe an den Industrieroboter,
- die geometrische Gestalt der Teile.

Die Speicherkapazität eines einzelnen Magazins ergibt sich bei vorgegebener Teileanordnung aus der maximalen Magazinlänge, die aufgrund des zur Verfügung stehenden Bauraums oder des maximalen Stapelgewichts bei senkrechter und schräger Anordnung beschränkt ist. Die größte Speicherkapazität ist erzielbar, wenn die Teile in der Richtung ihrer geringsten Abmessung hintereinander angeordnet werden. Die optimale Anordnung zur Übergabe an den Industrieroboter wird durch den günstigsten Bewegungsablauf bestimmt, der vom Industrieroboter nach der Aufnahme des Teils auszuführen ist. Häufig ist es von Vorteil, wenn sich die Teile bereits in der Einbauorientierung befinden. Zu beachten sind in diesem Zusammenhang mögliche Einschränkungen aufgrund der Roboterkinematik (vgl. Abschn.

4.1). Bei der Festlegung der Teileanordnung im Magazin muß auch die Entnahmebewegung bzw. die Vereinzelungs- oder Zuteilbewegung (s. Abschn. 4.2.5) berücksichtigt werden, insbesondere, wenn diese mit einer Änderung der Orientierung des Teils verbunden ist.

Der Einfluß der Teilegestalt auf die günstigste Förderrichtung ergibt sich aus einer möglicherweise prozeßorientierten Nutzung von Körperflächen, die sich aufgrund der Produktfunktion am Bauteil befinden. Voraussetzung ist, daß diese Flächen die Bedingungen der Magazinförderung erfüllen - günstiges Verhältnis von Führungslänge zu Führungsbreite, gleiche Wirkungslinie der Summe aller Kräfte in Richtung und der Summe aller Kräfte entgegen der Richtung der Förderkraft (Momentenfreiheit). In der Regel erfüllen Funktionsflächen nicht alle diese Bedingungen optimal. Dann müssen diese Funktionsflächen oder freie Körperflächen entsprechend angepaßt bzw. zusätzliche Flächen vorgesehen werden. Vorhandene Körperflächen anpassen heißt, diese so zu gestalten und und die Fertigungstoleranzen so festzulegen, daß sie sowohl ihrer Produktfunktion als auch ihrer Montageprozeßfunktion gerecht werden.

4.2.4 Erhöhung der Speicherkapazität bei Linearmagazinierung

Die Speicherkapazität bei Linearmagazinierung kann durch eine Reihe prozeßbezogener Maßnahmen erhöht werden. Zwei dieser Maßnahmen zeigt *Bild 4.6 A)*. Die Teile sind hier nicht geradlinig hintereinander angeordnet sondern zueinander versetzt in einem Zickzackmagazin bzw. entlang einer Schraubenlinie in einem Wendelmagazin. Diese Teileanordnungen kommen aber nur bei einer begrenzten Zahl von Teileformen in Frage. Bei starren Magazinen (im Vergleich zu - siehe unten - flexiblen Schlauchmagazinen) bleibt dann nur noch die Möglichkeit der Mehrfachanordnung gleicher Magazine (*Bild 4.6 B*). Die Mehrfachanordnung gleicher Magazine hat jedoch den Nachteil, daß entweder der Arbeitsraumbedarf für die Bereitstellung einer Teileart erhöht wird, oder aufwendige Magazinwechseleinrichtungen erforderlich sind. Der Gesamtaufwand steigt insbesondere, wenn jedes Magazin mit einer Zuteileinrichtung auszustatten ist.

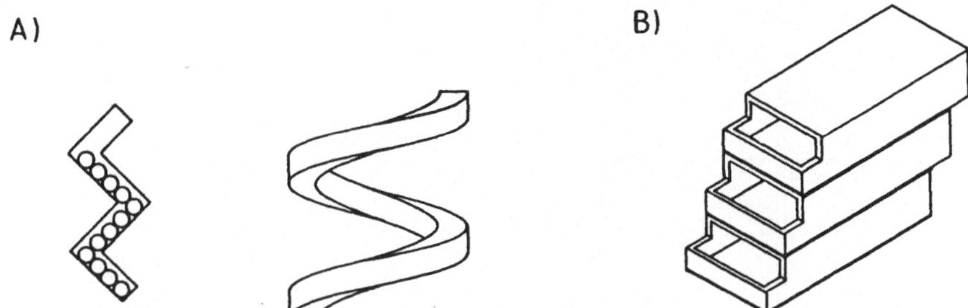

Bild 4.6: Erhöhung der Speicherkapazität
A) Zickzack- und Wendelmagazin, B) Mehrfachanordnung

Eine Alternative zu den starren Linearmagazinen stellen Schlauchmagazine dar, in denen die Teile durch Druckluft gefördert werden. Ein flexibler Schlauch hat gegenüber starren Profilschienen als Speichermedium eine Reihe von Vorteilen:

- die mögliche höhere Kapazität pro Teilereihe,
- die Erleichterung der Anbringung einer Übergabeeinheit in einem "stark verbauten" Arbeitsraum,
- die Möglichkeit das Magazinende einschließlich der Vereinzelungseinrichtung durch den Industrieroboter unmittelbar an den Fügeort zu bringen, ohne das ganze Magazin mitzubewegen.

Die Nutzung der zuletzt genannten Möglichkeit ist in *Bild 4.7* am Beispiel einer Anwendung zum Fügen von Schraubenfedern dargestellt. Die Vereinzelungseinrichtung wird über ein automatisches Greiferwechselsystem am Industrieroboter angekoppelt und zu den Fügestellen am Werkstück gebracht. Die Federn fallen nach ihrer Vereinzelung unmittelbar in die entsprechenden Aufnahmebohrungen des Werkstücks. Bis zur Vereinzelungseinrichtung werden die Federn durch Druckluft gefördert. Aufgrund der Möglichkeit des Greiferwechsels konnten neben der Federmontage noch eine Reihe anderer Montagevorgänge in derselben Montgagezelle durchgeführt werden.

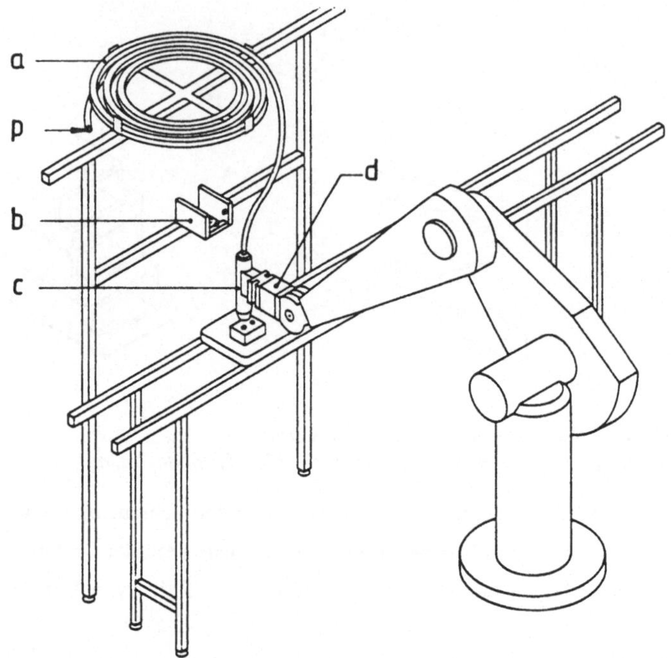

Bild 4.7: Bewegen der Vereinzelungseinrichtung eines Schlauchmagazins für Schraubenfedern durch den Industrieroboter
a Schlauchmagazin, b Ablage für die Vereinzelungseinrichtung, c Vereinzelungseinrichtung, d Greiferwechselsystem, p Druckluft

Die Magazinierung in Schläuchen mit kreisförmigem Querschnitt bietet sich für kleinere zylindrische Teile mit einem Durchmesser/Länge–Verhältnis kleiner eins und sonstige rotationssysmmetrische Teile an, die nicht zum gegenseitigen Verkeilen oder Verhaken neigen. Nichtrotationssymmetrische Teile und rotationssymmetrische Teile mit einem Durchmesser/Länge–Verhältnis größer eins können in Schläuchen magaziniert werden, deren Innenprofil an die Außenkontur der Teile soweit angepaßt ist, daß der Ordnungszustand der Teile gesichert ist. Profilschläuche wurden zur Förderung von Klipsen von der Vereinzelungseinrichtung zum Fügeteil bereits mit Erfolg erprobt [90, 91]. Bei der Wahl des Schlauchmaterials ist auf einen möglichst geringen Reibwert zu achten. In Frage kommen etwas härtere Kunststoffe, wie z.B. Polyurethan.

4.2.5 Teileübergabe vom Linearmagazin zum Industrieroboter

Neben dem Speichern ist die Übergabe der Teile an den Industrieroboter die wichtigste Funktion von Bereitstellsystemen. Vor oder während der Aufnahme eines Werkstücks durch den Industrieroboter muß dieses Teil von den anderen im Magazin gespeicherten Teilen separiert werden. Die Vereinzelungsbewegung ist grundsätzlich in allen Richtungen außer entgegen dem Richtungssinn der Teileförderung im Magazin möglich (*Bild 4.8 A*). In der Regel werden aber aufgrund geometrischer und prozeßbezogener Bedingungen bestimmte Richtungen bevorzugt. Geometrisch bedingt werden eine oder mehrere Vorzugsrichtungen durch die Teileform. Vereinzelungsbewegungen senkrecht zur Förderrichtung scheiden aus, wenn sich aneinanderliegende Teile im Berührungsbereich überdecken (*Bild 4.8 B*). Eine Entnahme des Teils in dieser Richtung ist erst nach einer Vereinzelung im Förderrichtungssinn möglich.

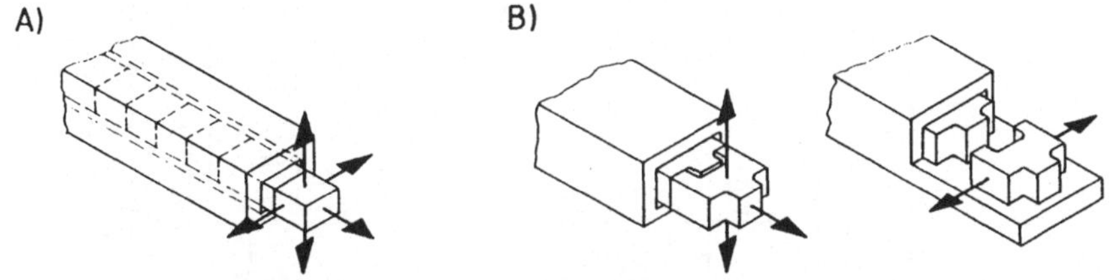

Bild 4.8: Vereinzelungs- und Entnahmebewegung
A) in allen Richtungen kollisionsfrei, B) Einschränkung des Bewegungsbereichs durch gegenseitige Hinterschneidung der gespeicherten Teile

Prozeßbedingte Vorzugsrichtungen werden vor allem durch die Förderkraft bedingt. Wirkt die Förderkraft (z.B Schwerkraft) permanent, dann lassen sich die Teile mit relativ geringem Aufwand senkrecht zur Förderrichtung vereinzeln (*Bild 4.9 A*). Die Teile werden bis zum Anschlag gefördert, wobei ihre Anordnung durch Führungsschienen gesichert ist. Vor dem Anschlag sind die Führungen so ausgespart, daß sich das jeweils letzte (unterste) Teil in einer seitlichen Richtung entnehmen bzw. ausschieben läßt. Zu beachten ist hierbei, daß jeder Entnahmevorgang eine stoßförmige Beschleunigung der gespeicherten Teile zur Folge hat.

Diese Kräfte sind zu berücksichtigen, um mögliche Teilebeschädigungen zu vermeiden oder ungewollte Anordnungsveränderungen der magazinierten Teile auszuschließen. Werden die Teile in Förderrichtung vereinzelt, kann bei permanent wirkender Förderkraft ein Beschleunigungsstoß vermieden werden, wenn die Entnahmebewegung des Industrieroboters mit der Bewegung eines geeignet angebrachten Sperrschiebers koordiniert wird *(Bild 4.9 B)*. Der Industrieroboter senkt das unterste Teil langsam um die Höhe eines Teils ab, verharrt in dieser Stellung solange, bis der Sperrschieber das folgende Teil hält und setzt danach die Handhabungsbewegung fort. Der geräte- und programmiertechnische Aufwand ist bei dieser Art der Vereinzelung in der Regel relativ hoch. Außerdem ist der Teilegestaltung bei dieser Entnahmeart besondere Beachtung zu schenken, da geeignete Flächen zum Sperren und Greifen der Teile vorgesehen werden müssen.

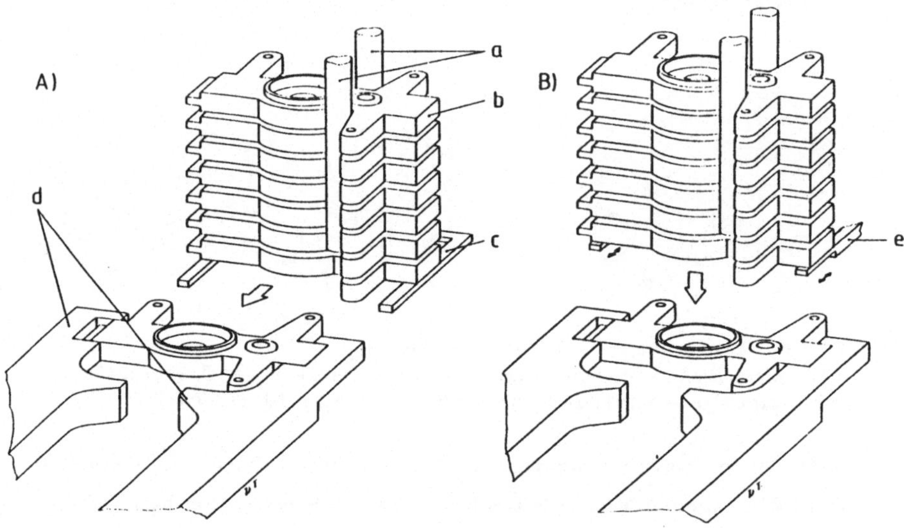

Bild 4.9: Prozeßbedingte Vorzugsrichtungen bei der Entnahme eines Teils aus dem Stapelmagazin
A) Entnahme senkrecht zur Förderrichtung (Beschleunigungsstoß), B) Entnahme in Förderrichtung und Vermeiden des Beschleunigungsstoßes durch eine mit der Roboterbewegung koordinierte Sperrschieberbewegung
a Führungsprofile, b Teilestapel, c fester Anschlag, d Greiferbacken, e Sperrschieber

5. Fügeprozesse

5.1 Fügeverfahren – Übersicht und Auswahl zur weiteren Behandlung

Die Montage eines Produkts erfordert in der Regel mehrere Fügeprozesse, die immer auf dieses Produkt bezogene spezielle Lösungen der einzelnen Fügeaufgaben darstellen. Zwischen unterschiedlichen Montagelösungen gibt es aber auch mehr oder weniger große Gemeinsamkeiten, die sich in den verschiedenen Verfahren ausdrücken, die bei Montageprozessen zur Anwendung kommen. So wie sich beim Handhaben Bereitstellverfahren unterscheiden lassen, gibt es zur Lösung von Fügeaufgaben unterschiedliche Fügeverfahren. Diese Fügeverfahren resultieren, anders als die mehr von der Montagetechnik bestimmten Bereitstellverfahren, im wesentlichen aus charakteristischen Verbindungskonstruktionen. Deshalb ist entsprechend den vielfältigen Lösungen technischer Verbindungen, die sich im Lauf der Zeit unter verschiedenen konstruktiven Gesichtspunkten entwickelt haben, eine Vielfalt von Fügeverfahren entstanden, die sich schwer unter montagetechnischen Gesichtspunkten systematisch ordnen läßt. Vor diesem Hintergrund ist die nicht in allen Teilen ganz schlüssige Ordnungssystematik in DIN 8593 zu verstehen, die 50 Fügeverfahren erfaßt und in einem Schema mit fünf Hierarchieebenen gliedert. Trotz mancher Unzulänglichkeiten soll die eingeführte Gliederung, die immerhin einen guten Kompromiß zwischen der Vollständigkeit konstruktiver Ausführungsformen und der Systematik der Herstellverfahren von Verbindungen darstellt, weitgehend übernommen werden. Alle in DIN 8593 aufgeführten Fügeverfahren können prinzipiell in Montageprozessen mit Industrierobotern zur Anwendung kommen. Um nicht den Rahmen dieser Arbeit zu sprengen, sollen nur einige der Fügeverfahren exemplarisch behandelt werden. Die Auswahl wurde so getroffen, daß sich ein möglichst breites für die Montage mit Industrierobotern geeignetes Anwendungsspektrum widerspiegelt. Der Charakter der individuellen Prozeßlösung kommt in der Behandlung einer Reihe von Fügevorgängen im Zusammenhang mit Praxisbeispielen zum Ausdruck.

In *Bild 5.1* findet sich eine Darstellung des Einteilungsschemas nach DIN 8593. Eingezeichnet wurden die Einzelverfahren und Untergruppen, auf die nachfolgend näher eingegangen werden soll. Eines oder mehrere der Verfahren, die in

DIN 8593 mit Ordnungsnummern von 4.1.1 bis 4.1.3 versehen wurden, werden in den meisten Montageprozessen angewendet. Fügevorgänge, die mit Hilfe dieser Verfahren durchgeführt werden, leisten meistens nur einen Teilbeitrag zur Schaffung der gesamten Verbindung, weshalb ihnen mindestens *ein* weiterer Fügevorgang entweder vorauszugehen oder nachzufolgen hat, der zur Vervollständigung der Verbindung dient. Dieser Zusammenhang wird klar, wenn man sich z.B. die Herstellung einer Schraubverbindung oder die einer Klebverbindung zwischen zwei oder mehreren Teilen vor Augen führt. Eine Schraubverbindung wird fertiggestellt durch das Aufeinanderlegen (Einlegen, Ineinanderschieben) der zu verbindenden Teile und das Eindrehen der Schraube(n). Zwei durch Kleben zu verbindende Teile werden zusammengelegt, nachdem der Klebstoff aufgetragen wurde. Die beiden Beispiele machen auch deutlich, daß die Herstellung ganz verschiedener Verbindungsarten teilweise auf gleichen Montageverfahren beruht, die erst erkennbar werden, wenn der Fügeprozeß hinreichend fein untergliedert wird. Diese Untergliederung ermöglicht es am ehesten, möglichst wenige für ein breites Aufgabenspektrum gültige Zusammenhänge zu finden, welche die Vielfalt der Anforderungen an die Verbindungskonstruktion reduzieren und damit das montagegerechte Konstruieren erleichtern.

Nach einer grundlegenden Betrachtung der Bestimmungsmerkmale und Ausführungsmöglichkeiten von Fügebewegungen beim Zusammenlegen werden in gesonderten Abschnitten mehr beispielorientiert die Fügeverfahren *Auflegen* und *Einlegen* zusammen, *Ineinanderschieben*, *Federnd Einspreizen* und *Einpressen* jeweils getrennt behandelt, wobei von der Gliederungshierarchie in DIN 8593 (s. *Bild 5.1*) geringfügig abgewichen wird. *Auflegen*, *Einlegen* und *Ineinanderschieben* zeichnen sich dadurch aus, daß sie als Verfahren zur Herstellung von Elementarverbindungen* in nahezu allen Montageprozessen zur Anwendung kommen. Durch *Federnd Einspreizen* wird mit einem einzigen Fügevorgang häufig eine Gesamtverbindung hergestellt. Dadurch ergeben sich einfache Fügeprozesse, was zu einer

** Elementarverbindung oder elementare Verbindung wird das Ergebnis eines Fügevorgangs genannt, der zur Schaffung einer Verbindung lediglich beiträgt, diese aber nicht im ganzen bewirkt.*

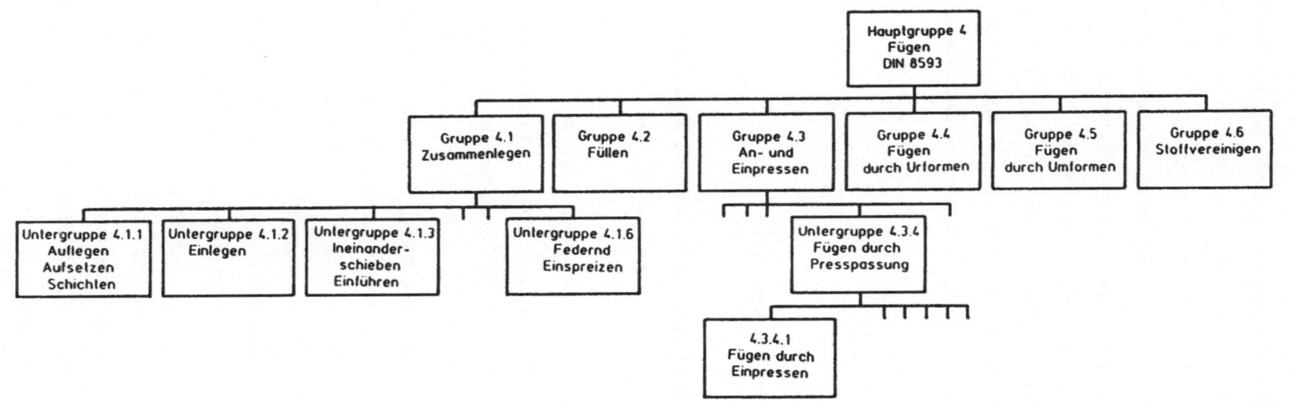

Bild 5.1 Einordnung der Fertigungsverfahren Fügen nach DIN 8593

zunehmenden Verbreitung dieser Fügeverfahren und entsprechender Verbindungen führt. Die Festigkeit und Steifigkeit von Verbindungen die durch Federnd Einspreizen zustandekommen ist aber in vielen Fällen nicht allzu hoch. Deshalb wird noch auf ein Verfahren eingegangen, mit dem qualitativ sehr hochwertige Verbindungen hergestellt werden können: *Fügen durch Einpressen*. Bei dieser Auswahl wurde das Schrauben und das Nieten nicht berücksichtigt, die in der Anwendungshäufigkeit noch vor dem Einpressen kommen [92]. Diesbezüglich wird auf das Schrifttum verwiesen [5, 69, 93–98]. Insbesondere das Schrauben mit Industrierobotern und eine entsprechende montagegerechte Produktgestaltung wird in [93] ausführlich behandelt.

5.2 Fügen durch Zusammenlegen

5.2.1 Analytische Grundprinzipien der Fügebewegung

Das wichtigste Merkmal zur Charakterisierung eines Fügevorgangs durch Zusammenlegen ist die Fügebewegung, durch welche die räumliche Anordnung des Einbauzustands zwischen den Bauteilen hergestellt wird. Die Form der Fügebewegung wird durch die Form und die geometrische Anordnung der Paarungsflächen an den Fügepartnern festgelegt. Wirkflächenpaare, die zusammenwirkenden Paarungsflächen, sperren aufgrund des einseitig wirkenden Formschlusses in einer Verbindung Relativbewegungen zwischen den Fügepartnern in jeweils einem Richtungssinn. Der Grad der Bestimmung der Bewegung hängt davon ab, wieviele Richtungssinne einer Relativbewegung zwischen den gefügten Körpern durch die elementare Verbindung gesperrt sind. Bei der in *Bild 5.2 A)* dargestellten Verbindung sind 11 Richtungssinne gesperrt. Im nicht gesperrten Richtungssinn läßt sich die Verbindung demontieren, bzw. im umgekehrten Richtungssinn fügen. Damit ist der Weg eindeutig festgelegt, auf dem das Bauteil b in die Einbauanordnung gelangt. Es muß sich unmittelbar vor Beginn der Fügebewegung in einer vollständig bestimmten räumlichen Anordnung zum Bauteil a befinden. Während des Fügevorgangs bleibt die Orientierung der Bauteile zueinander erhalten, während sich die Position entlang der Strecke s ändert. Die Fügebewegung wird durch die relative Bewegungsbahn eines Körperpunktes und die Orientierung der Körper zueinander beschrieben. Werden wie im genannten Beispiel sowohl die Bahn der Fügebewegung als auch die Orientierung der Fügepartner während der Fügebewegung durch die Gestalt der Paarungsflächen erzwungen, spricht man von Ineinanderschieben.

Während des Ineinanderschiebens kann durch die Gestalt der Paarungsflächen auch eine bestimmte Änderung der relativen Orientierung der Bauteile erzwungen werden, was der in *Bild 5.2 B)* dargestellte Fügevorgang bei der Montage einer Pkw-Seitenscheibe verdeutlicht. Dieser Fügevorgang darf zwar wohl als Sonderfall des Fügens durch Ineinanderschieben gelten, ist aber doch eindeutig diesem Verfahren zuzuordnen.

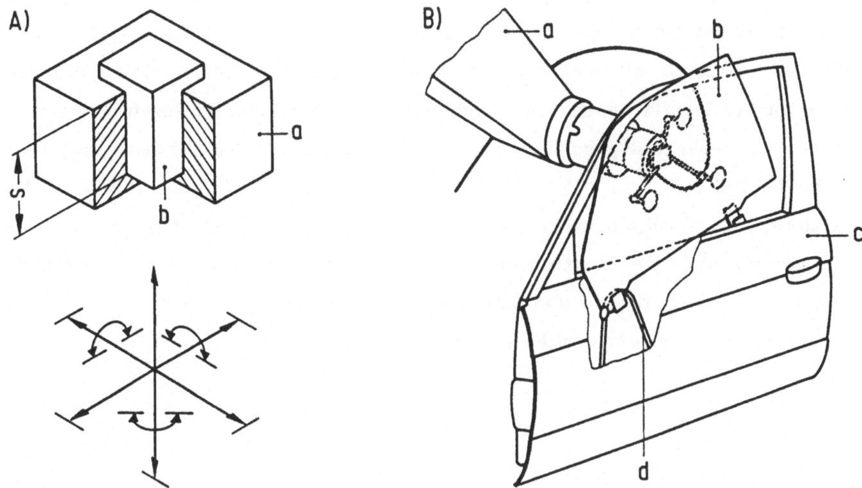

Bild 5.2: Zusammenhang zwischen den Wirkflächen einer Verbindung und der Fügebewegung
A) Sperren von 11 Richtungssinnen einer Relativbewegung zwischen den gefügten Teilen
a Basisteil, b Fügeteil, s Fügeweg
B) Fügen der Seitenscheibe in die Führung einer Pkw-Tür – Änderung der relativen Orientierung der Fügepartner während des Fügevorgangs
a Roboterarm, b Seitenscheibe, c Pkw-Tür, d Fensterheber

Eine elementare Verbindung sperrt mindestens einen Richtungssinn der möglichen Relativbewegung zwischen zwei Körpern (*Bild 5.3 A*). Diese einfachste Verbindung wird durch das Verfahren Auflegen hergestellt. Die Fügebewegung wird dabei in zwei translatorischen und vier rotatorischen Richtungssinnen durch die Paarungsflächen bestimmt. In den nicht durch die Paarungsflächen bestimmten Richtungssinnen muß die erforderliche Positionier- bzw. Orientierungsgenauigkeit durch das Bewegungssystem (z.B. Industrieroboter) bewirkt werden. Gleichwohl kann die Fügebewegung bei entsprechender Verbindungsgestaltung durch die Paarungsflächen in mehr als 6 und bis zu 12 Richtungssinnen, also vollständig, bestimmt werden (*Bild 5.3 B*). Durch Einlegen gefügte Verbindungen sperren Relativbewegungen der Verbindungspartner in *einem* bis zu *sieben* Richtungssinnen, je nachdem, ob seitliche Anschlagflächen vorhanden sind (*Bild 5.3 C und D*). Die Fügebewegung wird beim Einlegen meistens vollständig durch die Paarungsflächen bestimmt, die seitliche Position und vertikale Orientierung durch die Seitenflächen sowie die senkrechte Position und die horizontalen Orientierungen durch die Auflagefläche. Beim Einlegen vor allem aber beim Auflegen ist der Anteil der Fügebewegung gegenüber der vorangehenden Handhabungsbewegung verschwindend gering, da sich die Teile erst unmittelbar vor dem Abschluß der Fügebewegung berühren. Die erforderliche Bewegungsgenauigkeit beschränkt sich weitgehend auf die Positioniergenauigkeit im Unterschied zum Ineinanderschieben, wo zu Beginn und während des Fügens eine definierte Orientierung der Teile zueinander eingehalten werden muß.

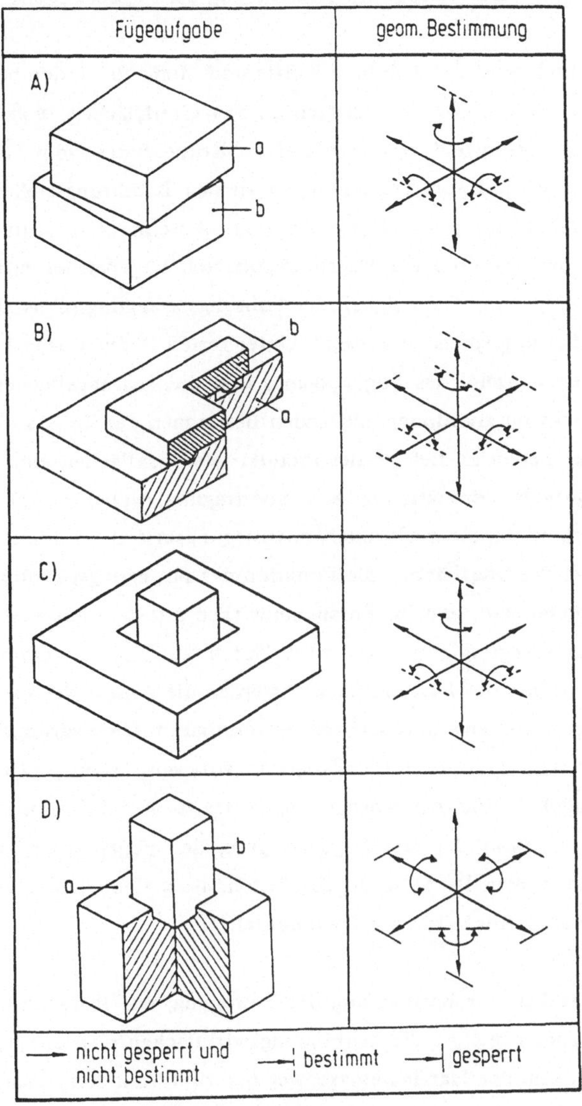

Bild 5.3 Bestimmung der geometrischen Anordnung und Sperrung der Relativbewegung zwischen den Fügepartnern beim Fügen durch Auflegen (A) und (B), Einlegen (C) und (D)
a Basisteil, b Fügeteil

5.2.2 Wirkungszusammenhänge zur Realisierung der Fügebewegung

Die Fügebewegung wird durch äußere Kräfte und Momente an den bewegten Bauteilen bewirkt, die von Greifwerkzeugen an den Greifflächen, von Kraftfeldern (meist dem Gravitationsfeld) an der verteilten Körpermasse, vom Fügepartner an den Kontaktstellen und von Vorrichtungen an den Berührungsstellen (Spannflächen, Führungsflächen) ausgeübt werden (vgl. Abschn. 2.3). Grundsätzlich ist denkbar, daß sich während der Fügebewegung die Fügepartner nicht berühren, was dann allerdings eine Genauigkeit der Führungsbewegung (meist des Roboters) innerhalb des Passungsspiels voraussetzt. Unter realen Bedingungen berühren sich die Fügepartner während des Fügevorgangs und die Paarungsflächen wirken als Führungsflächen zum anordnungsändernden Bestimmen der Teile zueinander. Die Paarungsflächen haben im Betrieb des Produkts als Wirkflächen einer festen Verbindung die Aufgabe der statischen Kraftübertragung, wobei Festigkeit und Steifigkeit der Verbindung die maßgeblichen Auslegungskriterien bilden. Im Fügeprozeß erfüllen die Paarungsflächen die Funktion der Bewegungsführung. Sie müssen deshalb so gestaltet sein, daß im Zusammenwirken mit dem äußeren Bewegungssystem die Fügebewegung erzwungen wird. Durch Nutzung der anordnungsändernden Bestimmwirkung der Paarungsflächen werden die Ansprüche an die Genauigkeit des Bewegungssystems Industrieroboter vermindert. Die Paarungsflächen werden allerdings nur dann als Führungsflächen wirksam, wenn ihnen Ausgleichsbewegungen möglich sind, die Abweichungen der Ist-Fügebewegung des äußeren Bewegungssystems von der Soll-Fügebewegung der Fügepartner kompensieren. Kompensierend wirken Bauteilnachgiebigkeiten, Nachgiebigkeiten des Industrieroboters und Nachgiebigkeiten von Spannmitteln.

Als Führungsflächen zur Bestimmung der Bewegung am Übergang zwischen Fügen und Handhaben reichen die Verbindungswirkflächen meistens nicht aus. Um die Zielgenauigkeit der Handhabungsbewegung zu vermindern, sieht man Fügehilfsflächen zur anordnungsändernden Positionsbestimmung der Fügepartner vor. Ohne diese Hilfen läge die Positioniergenauigkeit im Bereich des Passungsspiels. Fasen am Innen- und am Außenteil bewirken die rechtwinklige Umlenkung der Fügekraft an der Kontaktstelle und damit die relative seitliche Verschiebung der

Berührpunkte. Sind die Bauteile winkelnachgiebig gehalten, was zur Ausrichtung der Teile während des Fügens erforderlich ist, verändert sich mit der Verschiebung auch die Orientierung der Bauteile, wenn die Wirkrichtung der Verschiebekraft nicht durch das Zentrum der Drehung geht (*Bild 5.4*). Welcher maximale Drehwinkel für einen zuverlässigen Fügevorgang durch Ineinanderschieben noch tolerierbar ist, hängt vom Passungsspiel und den Reibungsverhältnissen ab (vgl. [99–101]).

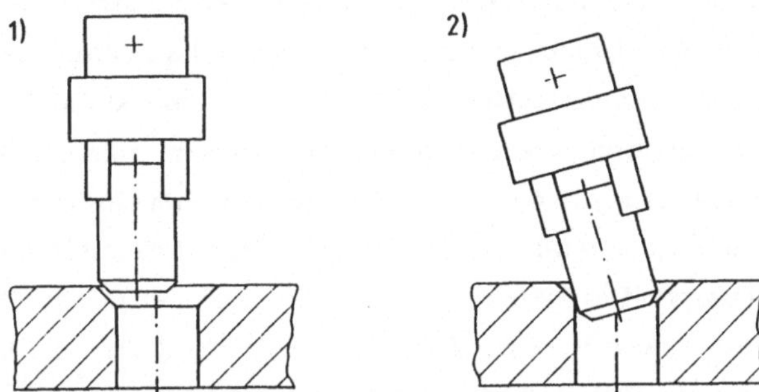

Bild 5.4:* *Veränderung der relativen Position und Orientierung durch die Wirkung von Fügehilfsflächen

Sind größere Positionsungenauigkeiten durch anordnungsänderndes Bestimmen auszugleichen, muß für eine gezielte Nachgiebigkeit gesorgt werden. Es gibt zwei Strategien, eine gezielte Nachgiebigkeit zu erreichen. Die eine basiert darauf, die Nachgiebigkeit in Abhängigkeit von den Fügephasen während des Ablaufs des Fügeprozesses aktiv zu steuern (vgl. [102]). Die andere verfolgt das Ziel, durch ein kinematisches System, einen Fügemechanismus, den Anordnungsfehler selbsttätig auszuregeln (passives System, vgl. [99–101, 103, 104]). Der logische Hintergrund der ersten Strategie wird dadurch gebildet, daß während der einzelnen Fügephasen Nachgiebigkeiten nur in bestimmten Richtungen erforderlich und in anderen unerwünscht sind. Dieser Zusammenhang ist in *Bild 5.5 A)* dargestellt. Zu Beginn des Fügevorgangs, wenn der Stift den Rand der Bohrung berührt, liegt eine Positions- und Orientierungsabweichung der Fügepartner von ihrer Idealanordnung vor. In der ersten Fügephase korrigiert sich aufgrund der Lateralnachgiebigkeit lediglich die seitliche Abweichung des momentanen Berührpunktes. Der Winkelfehler bleibt konstant, denn er kann sich aufgrund der gesperrten Winkelnachgiebigkeit nicht vergrößern. In der anschließenden Fügephase stellt sich bei gelöster Winkel- und Seitennachgiebigkeit die richtige Orientierung zwischen den Fügepartnern ein. Die dritte und letzte Fügephase ist durch das eigentliche Ineinanderschieben der Fügepartner gekennzeichnet, das zur Zusammenbauanordnung führt.

Die zweite der genannten Strategien richtet sich auf eine günstige Anordnung des Drehzentrums der Winkelnachgiebigkeit. Befindet sich das Zentrum der Drehbewegung vor dem Ende des nachgiebig gehaltenen Teils, bewirkt eine Seitenkraft an der momentanen Berührungsstelle kein den Winkelfehler vergrößerndes Moment, sodaß sich die richtige Position und Orientierung selbsttätig einstellen (*Bild 5.5 B*). Die Ausgleichsbewegung wird durch die kinematische Zwangsführung eines Gelenkgetriebes bewirkt. Das System 1) besteht aus zwei räumlichen Gelenkgetrieben, wobei ein Getriebe bei einer Positionsabweichung durch eine korrigierende Parallelbewegung reagiert und das zweite bei einer Orientierungsabweichung durch eine korrigierende Drehbewegung um den Endpunkt des Fügeteils. Bei System 2) kommt eine Korrekturbewegung aufgrund der elastischen Verformung zweier Stabsysteme zustande. Der Ort des Drehzentrums hängt hier von der relativen Steifigkeit der beiden Stabsysteme ab.

Eine zusätzliche Unterstützung des Fügevorgangs kann eine Schwingungserregung des ungesteuerten Fügemechanismus bewirken [104]. Muß bei dem Verfahren nach Strategie 1 zu Beginn der Fügebewegung die Orientierung bereits innerhalb der zum Ineinanderschieben zulässigen Grenzen stimmen, so ist dies aufgrund des korrigierenden Moments bei dem Verfahren nach Strategie 2 nicht in gleichem Maß erforderlich. Zu bedenken ist jedoch, daß das zweite Verfahren in der Regel aufwendige auf ein begrenztes Teilespektrum zugeschnittene Fügemechanismen voraussetzt.

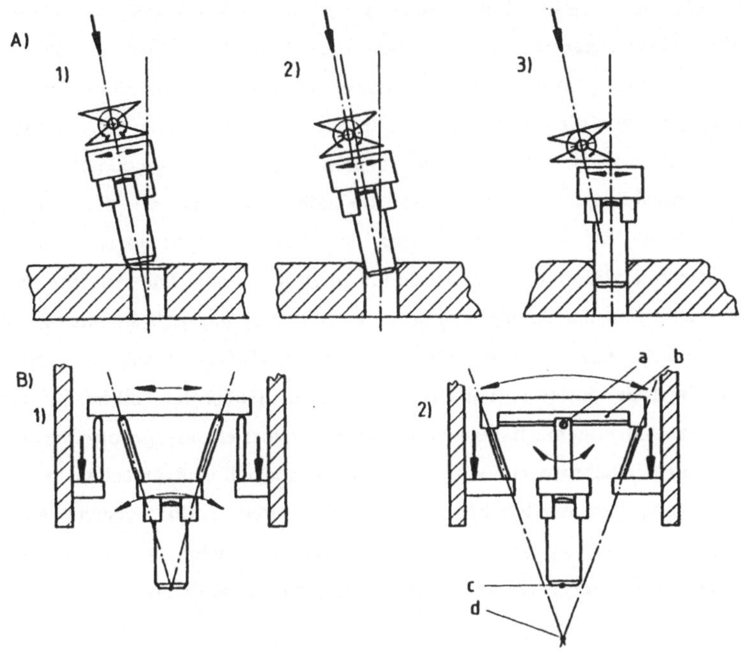

Bild 5.5: Fügestrategien zum Ausgleich von Positions- und Orientierungsungenauigkeiten durch nachgiebige Systeme
A) von den Fügephasen abhängig gesteuerte Nachgiebigkeit
1) Ausgangsanordnung, 2) seitliche Verschiebung bei gesperrter Winkelnachgiebigkeit, 3) Ineinanderschieben bei gelöster Winkel- und Seitennachgiebigkeit
B) günstige Anordnung des Drehzentrums durch Kombination zweier kinematischer Systeme [100]
1) gelenkige Lagerung der Getriebestäbe, 2) elastische Getriebestäbe
a Bewegungszentrum aufgrund der Verformung der horizontalen Stäbe, b horizontale Stäbe, c Bewegungszentrum aus der Kombination beider Stabkinematiken, d Bewegungszentrum aufgrund der Verformung der vertikalen Stäbe

Die Strategie der vom Fügeablauf gesteuerten Nachgiebigkeit kann auch angewendet werden, wenn größere Grundabweichungen in der Orientierung der Fügepartner auszugleichen sind, nämlich dann, wenn dem Positionsbestimmungsvorgang ein Winkelbestimmungsvorgang vorgeschaltet wird. An geigneten Flächen muß durch einen Ausrichtvorgang zuerst die verlangte Orientierung abgebildet werden. Anschließend ist die *Position* bei gesperrter Winkelbeweglichkeit zu suchen. Während des folgenden Ineinanderschiebens kann sich bei gelöster Winkelbeweglichkeit die exakte *Orientierung* der Fügepartner zueinander einstellen (*Bild 5.6*). Da die Fügebewegung immer relativ zwischen zwei Teilen und nicht absolut im Raum erfolgt, können die Bewegungsmechanismen zur Bewirkung der Ausgleichsbewegung grundsätzlich mit jedem der beiden Fügepartner gekoppelt sein und sich damit sowohl am Industrieroboter befinden als auch an der ortsfesten Spannvorrichtung. Bei einer Anbringung des Ausgleichssystems am Industrieroboter ist die zusätzlich zu handhabende Masse zu bedenken. Die Anbringung des Ausgleichssystems an der Spannvorrichtung erweist sich dann als ungünstig, wenn die Masse des Basisteils einschließlich der Spannvorrichtung wesentlich größer ist als die des Fügeteils einschließlich Greifer, was sehr häufig der Fall ist. Zudem ist es schwieriger, den Fügemechanismus an der Spannvorrichtung produktneutral zu gestalten als an der Schnittstelle zum Roboter. Da spezielle Fügemechanismen immer einen erheblichen zusätzlichen Aufwand bedeuten, sollte versucht werden, Nachgiebigkeiten mit möglichst einfachen Mitteln zu erzielen, und dieses Bestreben vor allem durch eine günstige Teilegestaltung zu unterstützen.

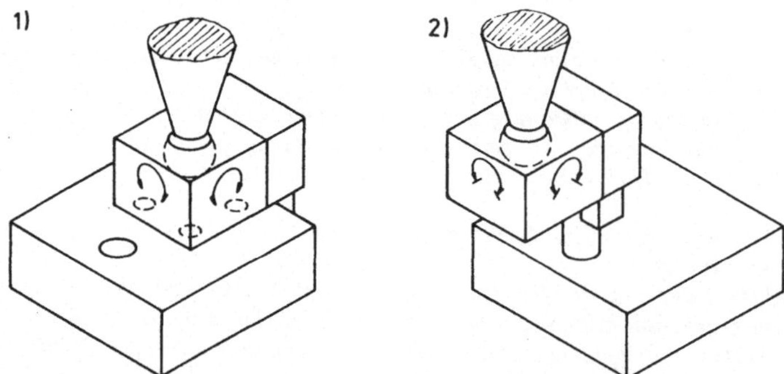

Bild 5.6: Vom Fügeablauf abhängig gesteuerte Nachgiebigkeit
1) Ausrichten der Fügepartner durch implizite Bestimmung 2) Ineinanderschieben der Fügepartner

Besonderere Bedeutung hat die gezielte Nachgiebigkeit, die durch die Kinematik eines Industrierroboters nach dem SCARA-Prinzip (Selective Compliance Assembly Robot Arm) bewirkt wird (*Bild 5.7*). Die Gelenke des Arms Theta 1 und Theta 2 lassen zwei Freiheitsgrade in der x/y-Ebene zu. Bei entsprechender Regelung der Antriebe wird eine horizontale Nachgiebigkeit erreicht, wogegen aufgrund des konstruktiven Aufbaus eine Winkelnachgiebigkeit verhindert wird [105]. Unter der Vorraussetzung, daß die Fügepartner in eine ausreichend genaue Orientierung zueinander gebracht werden können, ist das Fügen eng tolerierter Passungen ohne Zusatzeinrichtungen möglich. Industrieroboter nach dem SCARA-Prinzip fanden deshalb für viele Montageanwendungen eine schnelle Verbreitung.

Die Größe der durch anordnungsändernde Bestimmverfahren korrigierbaren Winkel- und Positionsabweichungen ist beschränkt, da Fügehilfsflächen nicht beliebig groß gestaltet werden können und auch die Ausgleichswege aller Fügemechanismen aus konstruktiven Gründen begrenzt sind. Müssen größere Abweichungen toleriert werden, sind anordnungsmessende Bestimmverfahren anzuwenden [69, 70]. Bei der Gestaltung von Teilen, die mit Hilfe anordnungsändernder Bestimmverfahren zu fügen sind, ist darauf zu achten, daß entsprechend dem Meßprinzip zur Bestimmung möglichst gut erfaßbare Formelemente vorgesehen werden (vgl. Abschn. 2.2.3). Müssen anordnungsmessende Bestimmverfahren angewendet werden, sollte man, um den Aufwand zu minimieren, versuchen, Fehler mit diesen Verfahren soweit zu korrigieren, daß sich verbleibende Abweichungen anordnungsändernd aufgrund der Bauteil- und Bewegungssystemnachgiebigkeit ausgleichen lassen, also nicht noch zusätzlich Fügemechanismen notwendig werden.

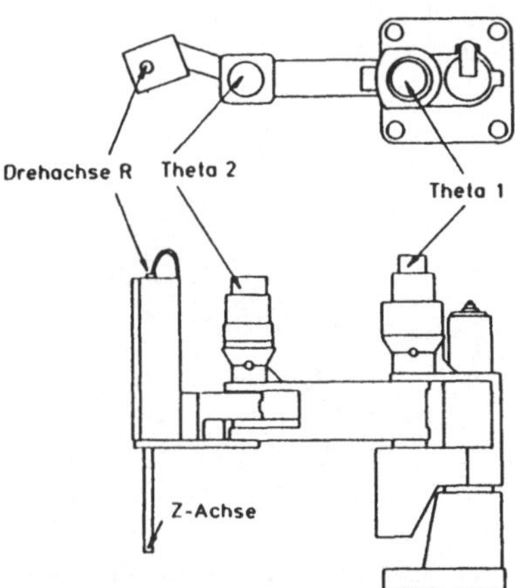

Bild 5.7: SCARA-Roboter [105]

5.2.3 Auflegen, Einlegen

Die Fügeverfahren *Auflegen* und *Einlegen* unterscheiden sich vom *Ineinanderschieben* im wesentlichen durch die geringeren Ansprüche an die Genauigkeit der Fügebewegung, vor allem, was die Bewegungsbahn anbelangt, aber auch die Positioniergenauigkeit, sofern anordnungsbestimmende Formelemente an den Fügeflächen vorhanden sind. Häufig werden aber bewußt anordnungsbestimmende Formelemente vermieden und das Verfahren Auflegen gewählt, um ein Justieren der Teileanordnung nach dem Auflegen zu ermöglichen. Zueinander eingestellt bzw. justiert müssen die Fügepartner werden, wenn sich Summentoleranzen nicht vermeiden lassen, die unzulässige Abweichungen der relativen Anordnung maßgeblicher Formelemente ergeben können. Außerdem verlangen anordnungsbestimmende Formelemente häufig auch einen erheblichen zusätzlichen Teilefertigungsaufwand, der die Fertigungskosten in nicht vertretbarer Weise erhöht. Bei der Prozeßgestaltung ist jedoch auch daran zu denken, daß sich Flächen zum anordnungsändernden Bestimmen nicht unbedingt unmittelbar an den zu fügenden Teilen selbst befinden müssen, sondern ebenso am Greifer und an der Aufnahmevorrichtung des Fügepartners angebracht sein können. Die Fügeflächen werden dann implizit über andere Körperflächen bestimmt, etwa entsprechend der Prinzipskizze in *Bild 5.8*, die beispielhaft ein Zusammenwirken von am Greifer angebrachten Bestimmelementen mit Formelementen am Basisteil zeigt.

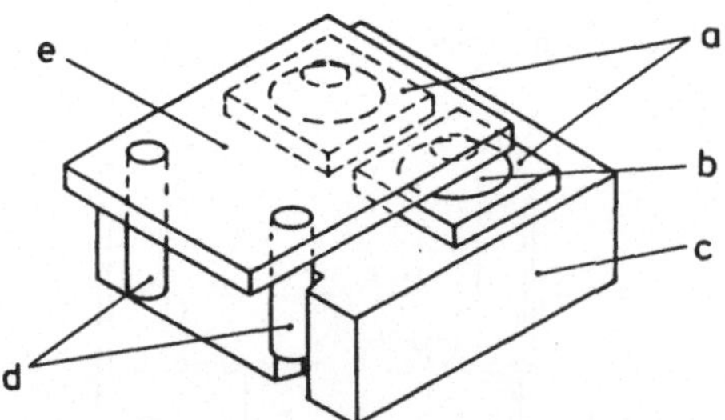

Bild 5.8: Implizites Bestimmen durch Fügehilfen am Greifer
a Fügeteile, b Vakuumsaugnapf, c Basisteil, d Bestimmelemente, e Greifergrundplatte

Das *Auflegen* ist dadurch gekennzeichnet, daß die Richtung der Fügebewegung nicht genau festgelegt ist, vielmehr häufig jede Richtung oberhalb der Paßfläche zulässig ist. Deshalb schränkt dieses Verfahren bei einer bereits festgelegten Konstruktion die Fügeprozeßgestaltung weniger ein, was in der Regel eine bessere Abstimmung mit dem vorangehenden Handhabungsvorgang sowie dem gesamten Montageprozeß zuläßt. Durch eine geeignete Bauteilegestaltung bzw. Produktstruktur können Produkt- und Montagegestaltungsprozeß etwas entkoppelt werden. Dieser Zusammenhang soll am Beispiel der Montage eines elektrischen Reihenschalters für ein Haushaltsgerät erläutert werden. Der Schalter beinhaltet in einem Gehäuse 5 oder, je nach Ausführung, 6 Schalteinheiten mit Raststellung, die in einer Reihe angeordnet sind. Die Rastfunktion kommt durch das Zusammenwirken von sog. Schaltplättchen, die eine Schaltkulisse in Form einer Rastkurve tragen, und Schaltstiften, die in diese Schaltkulissen eingreifen, zustande. Die Schaltplättchen des Reihenschalters sind durch das Verfahren Auflegen mit dem Schaltergehäuse zu fügen (*Bild 5.9*). Dazu müssen die Schaltplättchen a so auf die Gehäusefläche c gelegt werden, daß der Schaltstift b in die Schaltkulisse gelangt. Damit ist die Zielanordnung genau definiert, die Richtung der Fügebewegung ist lediglich durch einen ebenen Richtungsbereich mit einem Bereichswinkel von 90° vorgegeben (*Bild 5.9 B*).

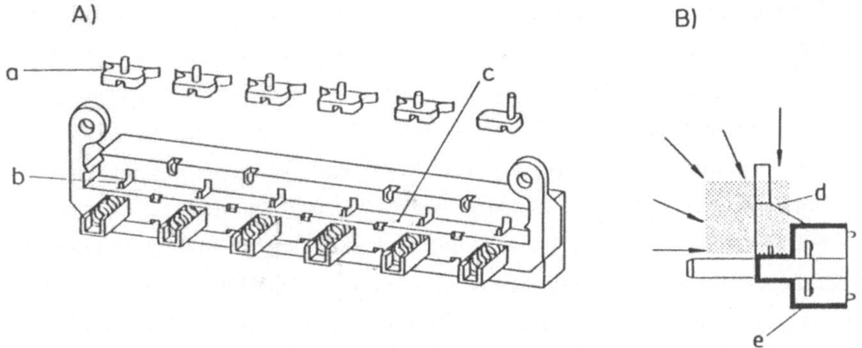

Bild 5.9: Fügen der Schaltplättchen eines Reihenschalters durch Auflegen
A) Fügepartner, B) Richtungsbereich der Fügebewegung
a Schaltplättchen, b Schaltstift, c Fügefläche am Gehäuse, d zulässiger Fügerichtungsbereich der Schaltplättchen, e Schaltergehäuse

Montageprozesse sollten grundsätzlich so gestaltet werden, daß der Anteil sog. primärer Aufwendungen, also solcher Prozeßbestandteile, die zum Montagefortschritt (zur Wertschöpfung des Produkts) unmittelbar beitragen (Fügen), gegenüber sekundären Aufwendungen, also solchen, die nur mittelbar zum Montagefortschritt beitragen (Handhaben), maximal ist [52]. Daraus resultiert die Forderung, Handhabungszeiten, und damit Handhabungswege, zu minimieren. Eine der wirksamsten Maßnahmen zur Minimierung der Handhabungszeiten ist die zeitliche Parallelschaltung von Handhabungsvorgängen. Dabei ist allerdings zu berücksichtigen, daß Handhabungsvorgänge, die von ein und derselben Bewegungseinrichtung (z.B. dem Roboter) ausgeführt werden, nur dann gleichzeitig erfolgen können, wenn die Handhabungswege zueinander parallel verlaufen. Die Abstände und räumlichen Orientierungen zwischen den zugleich bewegten Werkstücken müssen im Verlauf der Handhabungsbewegung stets konstant bleiben. Diese Bedingung ist in der Regel dann erfüllbar, wenn es gelingt, die zu montierenden Werkstücke in genau der relativen räumlichen Anordnung zueinander bereitzustellen, die sie während des Fügens und im Einbauzustand einzunehmen haben.

Zwei Formen der Bereitstellung für die Schaltplättchen des Reihenschalters, in denen diese zueinander so angeordnet sind wie an ihrem Einbauort, zeigt *Bild 5.10*. Die Unterschiede in der Bereitstellung werden durch die zwei verschiedenen Ausführungsformen der Handhabungsbewegung bedingt, die sich ergeben je nach dem, ob die Schaltplättchen vom Bereitstellungsort zu ihrem gemeinsamen Fügepartner Schaltergehäuse gebracht werden oder umgekehrt das Schaltergehäuse zu den Schaltplättchen. Der erste Fall ist in *Bild 5.10 A)* dargestellt. Die Schaltplättchen werden vom Roboter mit Hilfe des Mehrfachgreifers a an der Bereitstelleinrichtung b gegriffen (1), zum Schaltergehäuse d gebracht und gefügt (2). Im zweiten Fall (*Bild 5.10 B)* ist die Vereinzelungsbewegung der Schaltplättchen aus dem Magazin identisch mit der Fügebewegung. Das Schaltergehäuse d wird durch den Roboter so an der Bereitstelleinrichtung b positioniert, daß die Fügefläche g am Schaltergehäuse sich unmittelbar an die Auflagefläche h der Schaltplättchen im Magazin anschließt und die Schaltplättchen aufgrund der Förderbewegung i im Magazin auf die Fügefläche g und in ihre Einbauanordnung gelangen. Die Bewegungsausführung im zweiten Fall führt dann zu einer erheblichen Einsparung an

Sekundäraufwendungen, wenn auch andere Fügevorgänge nach dem gleichen Bewegungsprinzip durchgeführt werden. Denn, wird lediglich das Gehäuse durch den Roboter bewegt, können zum einen notwendige Greiferwechsel entfallen, um die unterschiedlich gestalteten Bauteile zu greifen, zum andern können alle Leerwege eingespart werden, die im ersten Fall zwischen den Bereitstelleinrichtungen und dem stationären Schaltergehäuse zurückzulegen sind.

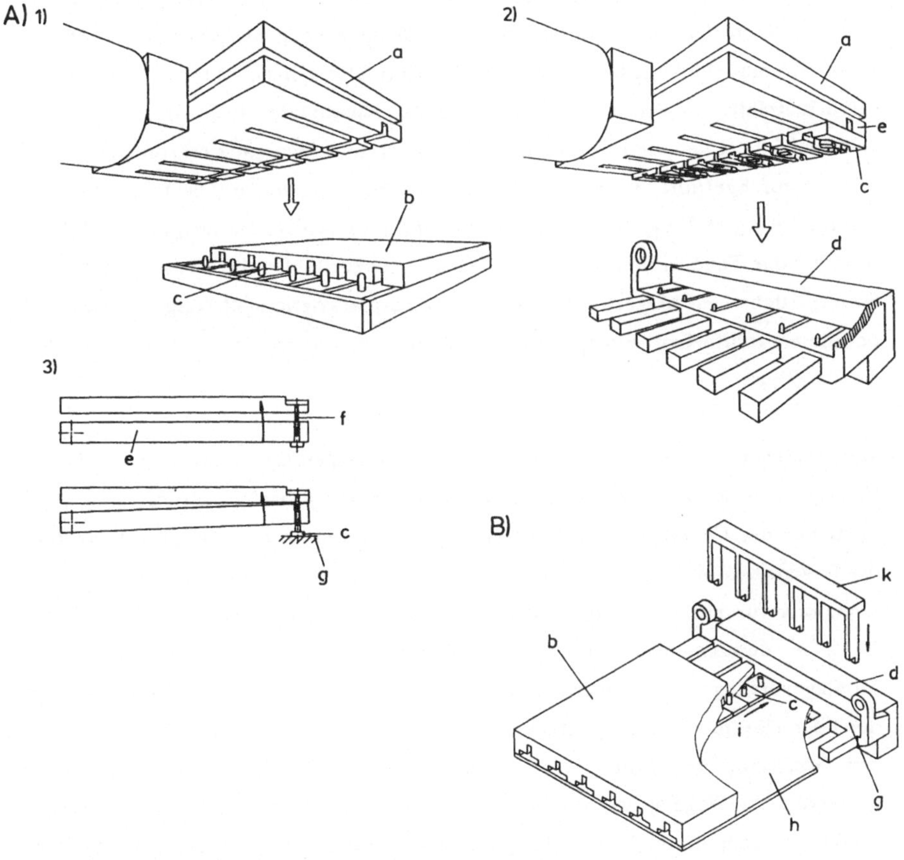

Bild 5.10: Varianten zum Fügen der Schaltplättchen
A) Greifen der Schaltplättchen: 1) Aufnehmen, 2) Auflegen, 3) Greifprinzip,
B) Abholen der Schaltplättchen von der stationären Fügeeinrichtung
a Greifer, b Bereitstelleinrichtung, c Schaltplättchen, d Schaltergehäuse, e Greiferplatte, f Ausstoßerstift, g Fügefläche, h Auflagefläche, i Förderrichtung, k Vereinzelungsschieber

Das Magazinierprinzip ist in beiden Fällen gleich. Die Schaltplättchen werden in geschlossenen Profilschienen gespeichert und durch Druckluft zur Entnahmestelle gefördert. Entsprechend *Bild 5.10 A)* werden die Schaltplättchen quer zur Förderrichtung vereinzelt, weshalb kein Vereinzelungsschieber erforderlich ist. Gegriffen werden die Schaltplättchen an einem zapfenförmigen Ansatz, der eine Funktionsfläche des Bauteils mit genau tolerierten Maßen darstellt. Zur Übertragung der Greifkraft werden der Teile c in Aufnahmebohrungen der Greiferplatte e geklemmt. Nach dem Auflegen auf die Fügefläche werden die Schaltplättchen von ihrem Klemmschluß gelöst, indem die Greiferplatte e hochgeschwenkt wird und die Schaltplättchen aufgrund der Wirkung der Ausstoßerstifte f auf der Schaltergehäusefläche g gehalten werden (3). Wird der Montagevorgang entsprechend *Bild 5.10 B)* durchgeführt, entfällt das Greifen der Schaltplättchen. Die Fügebewegung erfolgt nach der Freigabe durch den Vereinzelungsschieber k aufgrund der Förderkraft der Teile in den Magazinschienen (Druckluft). Da die Förderichtung der Schaltplättchen im Magazin aufgrund der Schaltplättchengestalt festgelegt ist, wird bei diesem (einfachen) Fügeprinzip die Fügerichtung durch das Verfahren eindeutig festgelegt.

Das vorangegangene Beispiel verdeutlichte den engen Zusammenhang zwischen Festlegungen der Produktgestaltung und der Montageprozeßgestaltung, und zwar nicht nur der Gestaltung des Fügeprozesses als abgegrenztem Teilprozeß sondern des Fügeprozesses in seiner Einbindung in das gesamte Prozeßgeschehen. Die Entscheidung für ein Bewegungsprinzip zur Ausführung der Handhabungsbewegung steht im Zusammenhang mit den gewählten Bewegungsprinzipien für andere Montagevorgänge. Die Fügerichtung ist unter Umständen an die Förderrichtung der Fügeteile im Magazin gebunden, weshalb die erforderliche Förderrichtung bei der Gestaltung der Teile bereits beachtet werden muß. Es konnten aber auch grundsätzliche Wege aufgezeigt werden, wie durch die Wahl eines geigneten Fügeverfahrens endgültige Entscheidungen der Prozeßgestaltung offen zu halten sind, wenn auch Prozeßalternativen im Konstruktionsstadium des Produkts bereits vorgeplant werden sollten.

5.2.4 Ineinanderschieben

Das Verfahren Ineinanderschieben dient zum Fügen von Teilen, die in zusammengebautem Zustand mit Passung ineinander sitzen. Während des Fügens befinden sich die Fügepartner in einer durch die Paßflächen bestimmten Orientierung zueinander. Mit dem Begriff Schieben wird zum Ausdruck gebracht, daß der Fügeprozeß unter relativ geringem Kraftaufwand durchgeführt wird. Dies ist das wesentliche Unterscheidungsmerkmal zum Verfahren Einpressen (s. Abschn. 5.4), das ebenfalls zum Fügen von Innen- und Außenteilen dient, jedoch erheblich höherer Fügekräfte bedarf. Durch Einpressen wird eine kraftschlüssige Verbindung erzeugt im Gegensatz zum Ineinanderschieben, das eine rein formschlüssige Verbindung bewirkt, die bei festen Verbindungen durch einen weiteren Fügevorgang zu sichern ist. Durch Ineinanderschieben sind häufig bewegliche Verbindungen herzustellen, so daß es sich bei den Paßflächen um Führungsflächen mit Spielpassung handelt. Diese Flächen sind aus fertigungstechnischen und kinematischen Gründen meist eben oder kreiszylindrisch. Ein Sonderfall sind die zylindrischen Paßflächen von Polygonprofilen für Wellen-Naben-Verbindungen (deren Herstellung aber besonderer Fertigungsmittel bedarf).

Beim Fügen durch Ineinanderschieben kommt es neben der genauen Positionierung der Fügepartner zu Beginn des Fügevorgangs vor allem während des Fügens auf die genaue Ausrichtung der Teile zueinander an, so daß sie sich nicht verklemmen. Der "Selbstbestimmungseffekt" der beiden Paßflächen ist nur im Bereich kleiner Winkelfehler wirksam. Bei sehr engen Passungen werden an die kinematische Genauigkeit des Bewegungssystems sehr hohe Ansprüche gestellt, aber auch an die Kopplung des Fügeteils mit dem Bewegungssystem, da die Bewegung der Paßflächen maßgeblich ist. Wird die Fügebewegung durch den Industrieroboter ausgeführt, müssen die Greifflächen innerhalb der verlangten Genauigkeit zur Paßfläche bestimmt sein und eine sichere Kraftübertragung ohne Verlagerung des Fügeteils zum Greifer gewährleistet sein. Das Ineinanderschieben wird aber häufig gerade zur Verbindung von Teilen angewendet, die soweit ineinandersitzen, daß im eingebauten Zustand keine ausreichenden Greifflächen vorhanden sind (*Bild 5.11 A*). Eine Möglichkeit, diese Teile zu fügen besteht darin, den Fügevorgang zu unterteilen. Das Fügeteil wird an der Paßfläche gegriffen und bis zum Anschlag des Greifers in die Paßfläche des Fügepartners geschoben (*Bild 5.11 B*). Da sich die Teile in diesem Zustand selbst führen, reicht eine punktförmige, momentenfreie Kraftübertragung zur Vollendung des Fügevorgangs aus. Nach einem Umgreifvorgang werden die Teile vollständig ineinander geschoben (*Bild 5.11 C*). Eine derartige Fügestrategie entspricht der menschlichen Vorgehensweise in ähnlichen Fällen. In der Robotermontage ist jeder Umgreifvorgang mit erheblichem zusätzlichem Zeitaufwnd verbunden, weshalb es nahe liegt, ein Umgreifen bei automatischen Fügeprozessen möglichst zu vermeiden.

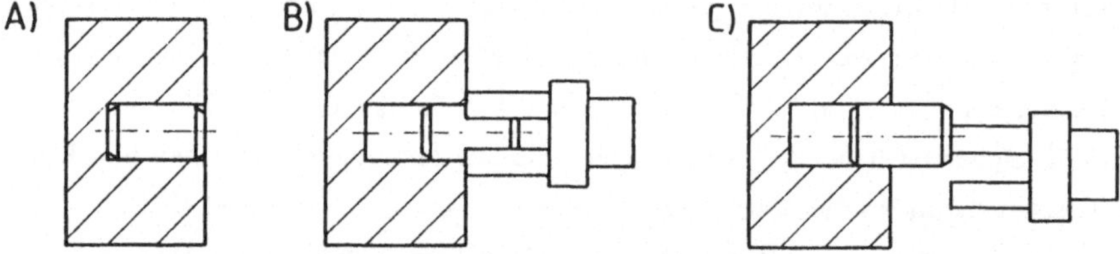

Bild 5.11: Fügestrategie zum Ineinanderschieben
A) Einbauzustand, B) 1. Fügephase, C) 2. Fügephase

Teile, die in eingebautem Zustand keine ausreichenden seitlichen Greifflächen bieten, können an Vorder- und Rückseite sicher gegriffen werden, wenn der Einbauraum von zwei Seiten zugänglich ist. *Bild 5.12 A)* zeigt in schematisierter Darstellung das Fügen eines Niets mit Hilfe eines Zentrierdorns. Der Niet wird zwischen Schieber und Zentrierdorn fixiert. Der Zentrierdorn bewirkt eine gegenseitige Ausrichtung der Bohrungsflächen der zu verbindenden Teile mit dem Niet. Die Fügebewegung wird unmittelbar an den Paßflächen bestimmt. Wenn der Einbauraum nicht von zwei Seiten zugänglich ist, kann weder das Fügeteil beidseitig eingespannt werden noch ist es möglich, die Paßflächen des Basisteils während des Fügevorgangs unmittelbar zum Bewegungssystem zu bestimmen. An den meisten Teilen finden sich aber Funktionsflächen, deren Anordnung zu den relevanten Paßflächen genau genug toleriert sind oder deren entsprechende Tolerierung möglich ist, ohne großen Zusatzaufwand bei der Teilefertigung zu verursachen. Eine unmittelbar Bestimmung der Paßflächen des Fügeteils zum Bewegungssystem ist jedoch möglich, wenn das Fügeteil entsprechende Führungseigenschaften hat (*Bild 12 B*). Das starr gegriffene Fügeteil wird bis zum Anschlag der Greiferbackenplanflächen in die Bohrung geschoben (Phase 1) und dann bei leicht gelösten Greiferbacken durch den am Greifer integrierten Stößel vollständig in die Bohrung gebracht (Phase 2). Die Greifflächen wirken in der Phase 2) als Führungsflächen, die mit den Fügeflächen gepaart sind. Die entsprechend diesem Fügeprinzip erforderlichen Führungseigenschaften der Fügeteile sind gerade bei solchen Teilen, die vollständig in den Fügepartner zu schieben sind, oft bereits konstruktionsbedingt vorhanden oder können zumindest bei der Konstruktion gezielt verliehen werden. Einige Fügeprozesse entsprechend dem in *Bild 5.12 B)* dargestellten Prinzip werden im folgenden an konkreten Beispielen erläutert. Die dargestellten Fügeprozesse sind eng in den gesamten Montageprozeß eingebunden, was die Abhängigkeit der optimalen Lösung eines Einzelprozesses vom Gesamtprozeß verdeutlicht.

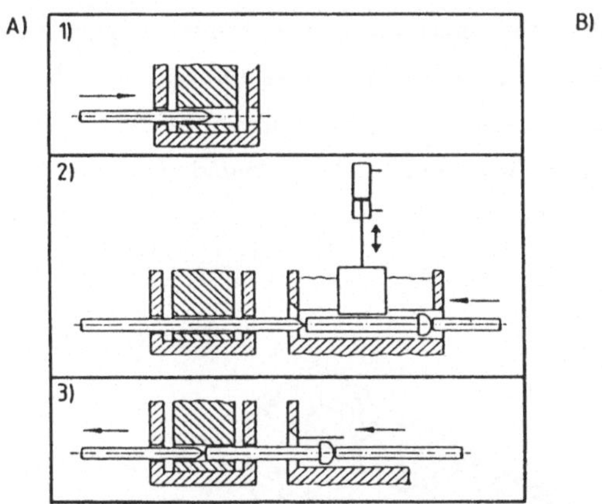

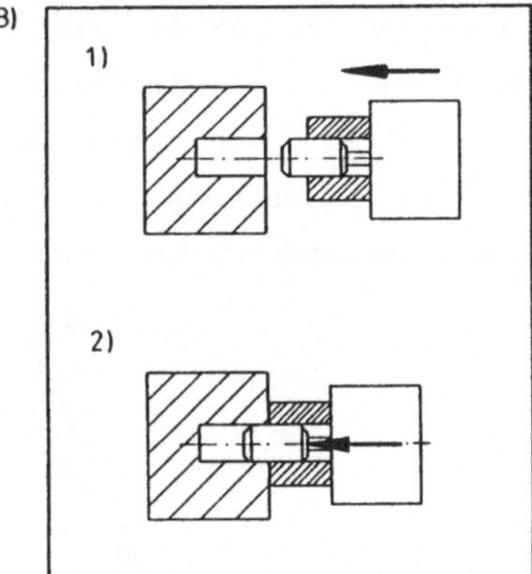

Bild 5.12 Fügeverfahren zum Ineinanderschieben
A) Fügen eines Niets mittels Zentrierdorn [106], B) Fügen mit Hilfe eines im Greifer integrierten Schiebesystems

Bei dem bereits erwähnten Reihenschalter wurde eine Vielzahl von Verbindungen so gestaltet, daß sie durch Ineinanderschieben herzustellen sind. Ein wesentlicher Vorteil des Fügens durch Ineinanderschieben ist die geringe Anzahl von Fügevorgängen zur Herstellung fester Verbindungen. Die Wahl dieses Verfahrens setzt bei der Produktkonstruktion aber unbedingt die Beachtung der Fügeprozeßausführung voraus. Sollen die Fügeteile gegriffen und durch den Roboter gefügt werden, muß man für ausreichende Greifflächen sorgen. Werden andere Fügesysteme vorgesehen, ist der Prozeß genau zu planen, was am Beispiel des Reihenschalters erläutert werden soll. Sämtliche Kontaktträger des Reihenschalters, die Lötanschlüsse und die Schieber mit den Kontaktbrücken (*Bild 5.13*), sind soweit in das Gehäuse zu schieben, daß sie im eingebauten Zustand keine ausreichenden Greifflächen mehr bieten. Die Fügeeinrichtungen, in denen die Fügeteile während des Fügevorgangs geführt werden, wurden unmittelbar mit dem jeweiligen Magazin verbunden, so daß die Bewegung zur Entnahme der Teile aus dem Magazin mit der Fügebewegung identisch ist. Das Schaltergehäuse wird (in Umkehrung der Bewegungsausführung entsprechend *Bild 5.12 B)* vom Roboter gehalten, zu den stationären Fügeeinrichtungen gebracht und dort positioniert. Neben der erzielbaren hohen Bewegungsgenauigkeit aufgrund des Fügeprinzips (Führen an den Fügeflächen) bietet das Fügen unmittelbar aus dem Magazin die Vorteile, daß vom Roboter nur das Gehäuse nicht aber die unterschiedlich geformten Fügeteile zu greifen sind, und eine Parallelschaltung gleicher Fügevorgänge durch die Anbringung mehrerer Einzelmagazine nebeneinander auf einfache Weise realisiert werden kann. Beide Maßnahmen tragen äußerst wirkungsvoll zur Vermeidung sekundären Montageaufwands bei (vgl. Abschn. 5.2.3).

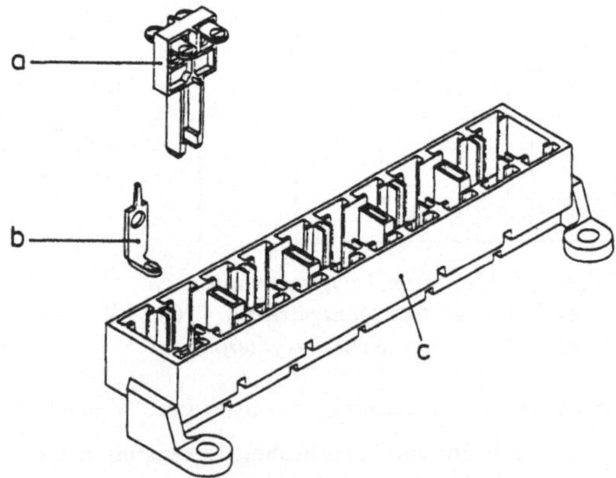

Bild 5.13: Fügen durch Ineinanderschieben am Reihenschalter
a Schieber (beweglicher Schaltkontaktträger), b Lötanschluß (gehäusefester Schaltkontakt), c Schaltergehäuse

Die Lötanschlüsse sind, wie in *Bild 5.14 A)* dargestellt, im Magazin gestapelt. Sie werden durch den Schieber e vereinzelt und in die Aufnahmeaussparungen im Gehäuse c geschoben. Der gabelförmige Vereinzelungsschieber e greift an den Schultern des Lötanschlusses d an, überträgt die Fügekraft und bewirkt die seitliche Führung der Teile (*Bild 5.14 B*). Das jeweils unterste Teil liegt auf der Gleitfläche der Fügeeinrichtung auf, an welche sich die Fügefläche des positionierten Schaltergehäuses anschließt. Unter diesen Führungsbedingungen ist die Fügebewegung in jeder Phase vollständig bestimmt.

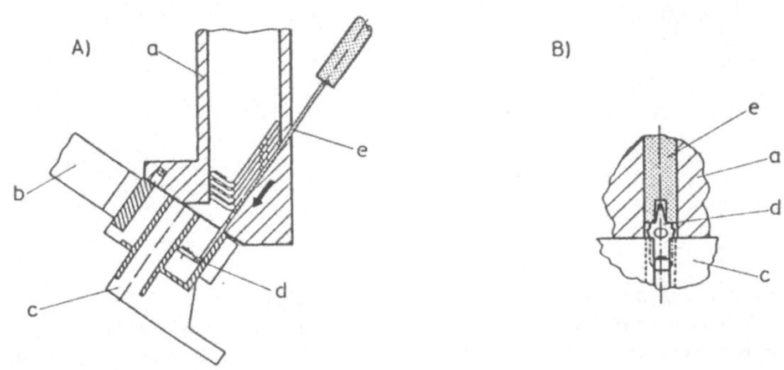

Bild 5.14: Einrichtung zum Fügen der Lötanschlüsse
A) vertikaler Schnitt durch das Magazin und das vom Roboter gehaltene Gehäuse, B) Fügekraftübertragung vom Vereinzelungsschieber auf den Lötanschluß
a Magazin, b Greifer, c Schaltergehäuse, d Lötanschluß, e Vereinzelungsschieber

Die Schieber müssen an an den zwei Stellen a und b (*Bild 5.15 A*) in die Gehäuseführungen geschoben werden, was eine exakte Fügebewegung verlangt. Eine Bewegung in der geforderten Genauigkeit wurde durch die Führung der Schieber in der Fügeeinrichtung (Magazin) an den Führungsflächen c erreicht (*Bild 5.15 A und B*). Das Gehäuse wird vom Roboter zur Fügeeinrichtung gebracht und dort genau positioniert. Die Fügeeinrichtung schließt unmittelbar an das Magazin für die Schieber an (*Bild 5.15 C*). Die Fügebewegung ist identisch mit der Entnahmebewegung aus dem Magazin. Vereinzelt werden die Teile durch Sperren des jeweils untersten sich noch im Magazin befindenden Teils (Sperrschieber e). Dieses Teil liegt nach erfolgtem Fügevorgang auf dem gefügten Teil auf und wird dadurch solange gehalten, bis der Sperrschieber aktiv ist. Die Förder- und damit auch die Fügebewegung erfolgt durch Druckluftkraft, die über einen im Magazin lose gleitenden Kolben auf das oberste Teil des Stapels aufgebracht wird.

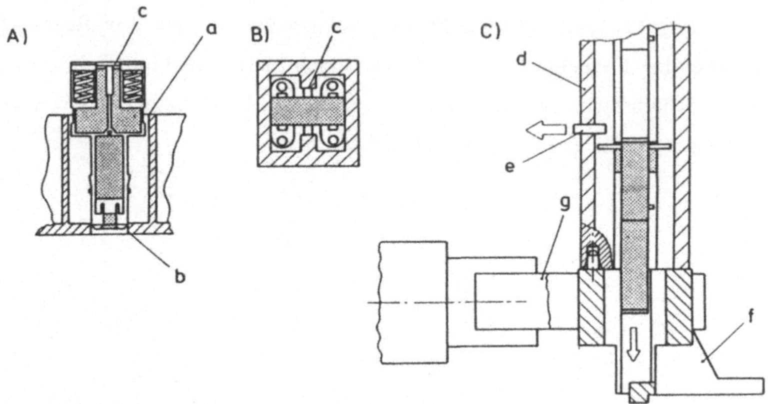

Bild 5.15: Einrichtung zum Fügen der Schieber
A) Einbauverhältnisse, B) Führung der Schieber im Magazin, C) vertikaler Schnitt durch das Magazin und das vom Roboter gehaltene Schaltergehäuse
a und b Führungsflächen im Gehäuse, c Führungsflächen am Schieber, d Magazin, e Sperrschieber, f Schaltergehäuse, g Greifer

Soll die Fügebewegung zwischen zwei Fügepartnern durch ein Führungssystem bestimmt werden, muß die Führungsflächenpaarung zwischen dem Fügeteil und der Fügeeinrichtung bereits bei der Produktkonstruktion festgelegt werden. Insbesondere ist darauf zu achten, daß im Verlauf der Fügebewegung beim Übergang der Führungsfunktion von der Fügeeinrichtung auf den Fügepartner stets eine eindeutige Führung gewährleistet ist. Die Maße von Führungs- und Anschlagflächen sind so zu tolerieren, daß bei ungünstigsten zugelassenen Summenfehlern ein Verklemmen oder Verkeilen des Fügeteils ausgeschlossen ist (vgl. 4.2.3). Die unmittelbare Verbindung von Magazin und Fügesystem bietet als wesentlichsten Vorteil, daß die Handhabungsbewegungen und damit der sekundäre Montageaufwand auf ein Minimum reduziert werden. Während des Fügeprozesses sind das Magzin, das Fügesystem und die Fügepartner zu einer Prozeßeinheit verknüpft. Es leuchtet daher ein, daß die Komponenten auch als solch eine Prozeßeinheit zu konstruieren sind.

5.3 Federnd Einspreizen

5.3.1 Allgemeines

Federnd Einspreizen ist nach DIN 8593 Fügen durch vorheriges elastisches Verformen, damit das Fügeteil durch Formschluß gehalten wird. Bei diesem Verfahren ist meist nur ein Fügevorgang nötig, um die Fügeteile den Betriebsbelastungen entsprechend zu verbinden. Die Einfachheit des Verfahrens sowie die geringen Fügezeiten tragen maßgeblich zur vermehrten Verwendung elastischer Spreizverbindungen als Alternativen zu anderen Verbindungsverfahren wie Schrauben oder Nieten bei. Zu den Spreizverbindungen zählen Schnappverbindungen, die vor allem bei Kunststofformteilen wegen der Möglichkeit, Verbindungselemente zu integrieren, eingesetzt werden. Nach dem Prinzip der Schnappverbindung funktionieren auch spezielle Verbindungselemente wie Klipse oder Klammern aus Stahlblech oder Kunststoff. Zur axialen Festlegung zylindrischer Innen- oder Außenteile werden vielfach Sprengringe, Sicherungsringe oder -scheiben (DIN 471, 472, 6799, 7993) verwendet, die in den Fügepartner federnd eingespreizt werden. In *Bild 5.16* sind einige Beispiele handelsüblicher Spreizteile dargestellt. Sicherungsringe werden für unterschiedlichste Anwendungszwecke in vielfältigen Formen als alternative Verbindungslösungen an Stelle konventioneller vor allem mehrteiliger Verbindungen angeboten [107].

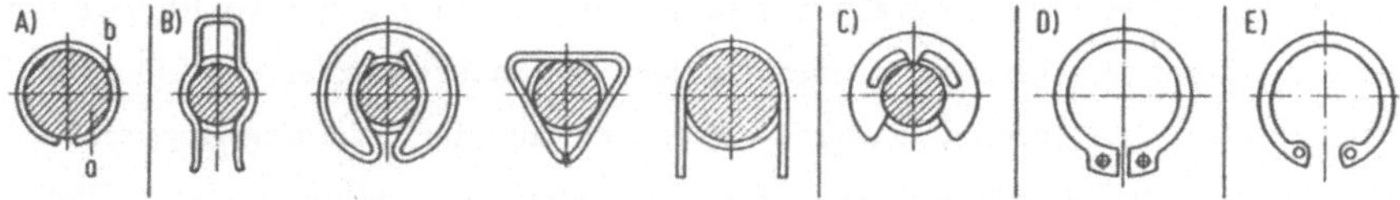

Bild 5.16: Spreizelemente [108]
A) Runddraht-Sprengring (DIN 7993), B) andere Formen von Runddrahtsprengringen (Doppel-, Dreieck-, U-Form), C) Sicherungsscheibe (DIN 6799), D) Sicherungsring für Wellen (DIN 471), E) Sicherungsring für Bohrungen (DIN 472)
a Welle, b Sprengring

Wesentlich für den Prozeß des federnden Einspreizens ist, wie die elastische Verformung der Bauteile oder Bauteilbereiche bewirkt wird und welche Kräfte in welcher Weise aufgebracht werden müssen. Zu unterscheiden ist zwischen einer von der Fügebewegung unabhängigen Verformungsbewegung und einer mit der Fügebewegung gekoppelten Verformungsbewegung. Ist die Verformungsbewegung mit der Fügebewegung gekoppelt, wird die Kraft zur Bauteilverformung durch die Fügekraft bewirkt. Da die Verformungsbewegung senkrecht zur Fügebewegung gefordert ist, wird die Fügekraft um 90° umgelenkt, in aller Regel nach dem Keilprinzip. Die Höhe der Fügekraft hängt dann vom Winkel der Keilflächen und den entstehenden Reibungskräften ab.

5.3.2 Fügen von Sicherungsringen

Axial montierbare Sicherungsringe und Sprengringe können mit oder ohne Koppelung von Füge- und Verformungsbewegung gefügt werden. Zur von der Fügebewegung unabhängigen Verformung sind Sicherungsringe nach DIN 471 und DIN 472 (*Bild 5.16 D) und E)*) mit Montagebohrungen versehen, die als Angriffsflächen für Spezialwerkzeuge dienen. Bei der Montage von Hand werden Zangen nach DIN 5254 und 5256 benutzt. Für die automatische Montage sind die Montagebohrungen als Angriffsflächen zum definierten Halten und Verformen des Sicherungsrings ungeeignet. Deshalb ist es günstiger, bei automatischer Montage Fügeverfahren mit gekoppelter Füge- und Verformungsbewegung anzuwenden. Eine Koppelung zwischen Füge- und Verformungsbewegung läßt sich bei Sicherungsringen durch Kegelflächen erzielen. Sind Bohrungen durch einen Konus erweitert, dessen größter Durchmesser mindestens dem Außendurchmesser des Innensicherungsrings in unverformtem Zustand entspricht, kann der Sicherungsring mit Hilfe eines axial in die Bohrung bewegten Stempels radial verformt und bis in die Sicherungsringnut bewegt werden (*Bild 5.17 A*). Sinngemäß gilt das gleiche für Wellensicherungsringe die über ein kegeliges Wellenteil zur Sicherungsringnut bewegt werden (*Bild 5.17 B*).

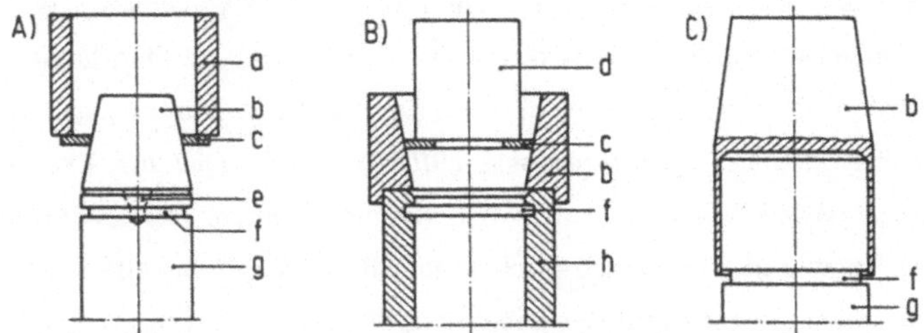

Bild 5.17: Fügen von Sicherungsringen mit Hilfe von Konen
A) Außenringmontage (DIN 471), B) Innenringmontage (DIN 472), C) Montagekonus mit Mantel [109]
a Druckhülse, b Konus, c Sicherungsring, d Druckbolzen, e Zentrierung, f Nut, g Welle, h Gehäuse

In vielen Fällen kann die Einbaustelle des Sicherungsrings nicht so günstig angeordnet werden, daß sich eine kegelförmige Fügehilfsfläche am Teil integrieren ließe. Denn meistens befindet sich die Sicherungsringnut am Wellenende bzw. am Anfang der Bohrung, so daß am Teil integrierte Kegelflächen zu erheblichen und damit nicht akzeptablen Baulängen führen würden. In anderen Fällen müssen vor der Sicherungsringnut weitere Ringnuten angebracht werden oder feinbearbeitete Oberflächen, die nicht durch den schabenden Sicherungsring beschädigt werden dürfen. In allen diesen Fällen müssen bei der Sicherungsringmontage Hilfswerkzeuge mit entsprechenden Kegelflächen am Wellenende oder am Bohrungsrand angesetzt werden (*Bild 5.17*). Zum Schutz der Wellen- oder Bohrungsoberflächen durch den schabenden Sicherungsring und zum Aufschieben über Nuten werden Konen mit dünnen Hülsen (Mantel) verwendet, die über das Wellenende oder in die Bohrung geschoben werden (*Bild 5.17 C*). Aber nicht nur konstruktive und fügetechnische Gründe können für eine Entscheidung zu Gunsten einer Montage mit aufgesetztem Konuswerkzeug maßgebend sein. Es sind auch die Fertigungskosten für die Kegelfläche zu bedenken, an die relativ hohe Ansprüche bezüglich der Oberflächengüte zu stellen sind, um einen zuverlässigen Fügeprozeß zu gewährleisten.

Die Montage eines Wellensicherungsrings soll für die in *Bild 5.18* abgebildete Baugruppe beschrieben werden. Es handelt sich um die Rutschkupplung eines

Elektrowerkzeugs mit folgender Funktionsweise: Zur größenabhängigen Übertragung des Betriebsdrehmoments ist das Stirnrad c über seine Planflächen mit den beiden Scheiben d reibschlüssig verbunden. Die Scheiben d übertragen das Drehmoment zur Hohlwelle f formschlüssig (*Bild 5.18 B*). Die zur Erzeugung des Reibschlusses nötige Vorspannkraft wird von den beiden Tellerfedern e aufgebracht. Die Vorspannkraft wirkt zwischen dem Bund der Hohlwelle f, an dem sich die Tellerfedern abstützen und der Scheibe b, die vom Sicherungsring a axial festgelegt wird. In dieser Baugruppe wirkt der Sicherungsring als Verschlußglied zur Sicherung einer Verbindung, deren Herstellung mehrere Fügevorgänge verlangt.

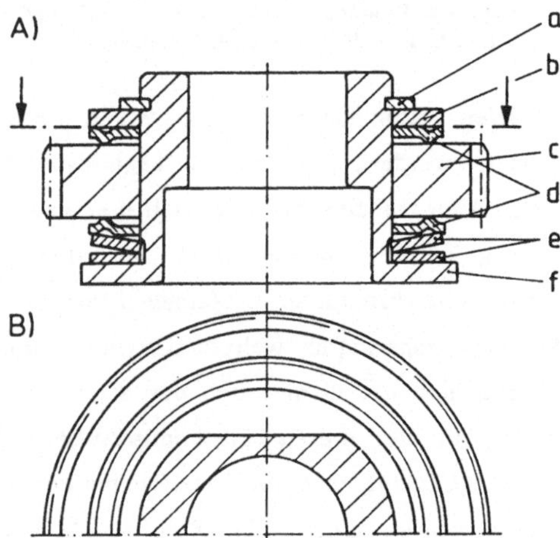

Bild 5.18: Rutschkupplung
A) Baugruppe, B) Drehmomentübertragung
a Sicherungsring, b Scheibe, c Stirnrad, d Scheiben, e Tellerfedern, f Hohlwelle

Der Montageablauf ist in *Bild 5.19)* schematisch dargestellt. Der Montagezyklus beginnt mit der Entnahme der Hohlwelle aus dem Linearmagazin, wobei das Teil durch den Roboter kraftschlüssig an der Bohrungsfläche gegriffen wird (*Bild 5.19 A*). Mit der Hohlwelle, dem Basisteil der Baugruppe, werden alle folgenden Teile der Reihe nach von den Bereitstelleinrichtungen abgeholt (*Bild 5.19 B)-E)*). Die Teile werden dabei direkt an den Fügeflächen aufgenommen, indem das Wellenende in die Bohrungen geschoben wird. Der Sicherungsring wird mit einem Konuswerkzeug abgeholt, das zuvor in der Bohrung des Basisteils aufgenommen wurde. Zunächst wird der Sicherungsring bis zum zylindrischen Teil des Aufsatzwerkzeugs aufgeschoben (*Bild 5.20 A*). Auf diese Weise ist eine vorläufige Fixierung des Sicherungsrings auf dem Weg der Baugruppe zur hydraulischen Presse sichergestellt. Die Baugruppe wird vom Roboter unter die Presse bewegt und dort bis zur Beendigung des Preßvorgangs gehalten (*Bild 5.19 F*). Nach Beendigung des letzten Fügevorgangs wird das Konuswerkzeug wieder abgelegt und die fertig montierte Baugruppe vom Roboter in einen Transportbehälter gelegt.

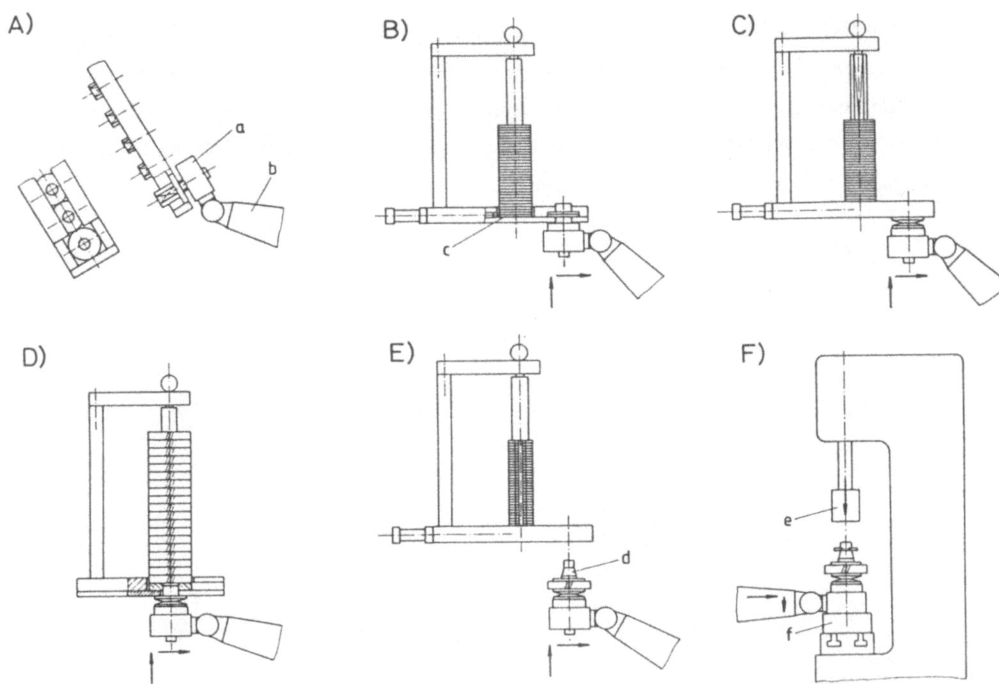

Bild 5.19: Ablauf der Rutschkupplungsmontage
A) Greifen des Basisteils, B) Aufnehmen einer Tellerfeder, C) Aufnehmen einer Scheibe, D) Aufnehmen des Stirnrads, E) Abholen des Sicherungsrings, F) Preßvorgang
a Spannzangengreifer, b Roboterarm, c Vereinzelungsschieber, d Aufsatzwerkzeug, e Preßstempel, f Aufnahmewerkzeug

Bild 5.20 zeigt das Fügen des Sicherungsrings mit Hilfe der Presse. Die hohe Fügekraft ist dabei nicht zum Einspreizen des Sicherungsrings erforderlich sondern zur Erzeugung der Vorspannkraft der in Umfangsrichtung reibschlüssigen Verbindung. Bei der Gestaltung des Fügeprozesses müssen die Funktionen des Bewegens des Fügeteils und des Erzeugens der Vorspannkraft auseinandergehalten werden.

Für jede der beiden Funktionen ist eine eigene Wirkfläche am Preßstempel vorzusehen. An der Innenfläche des hohlgebohrten Preßstempels befindet sich in einem Abstand von der vorderen Planfläche, der etwas größer als die Dicke des Sicherungsrings ist, ein Absatz über den die Fügekraft auf den Sicherungsring übertragen wird. Die Kraft zur Verformung der Tellerfedern wird über die vordere Planfläche auf die Scheibe übertragen (*Bild 5.20 B*). Würde die gesamte Axialkraft über den Sicherungsring übertragen werden (was ja unter Betriebsbedingungen der Fall ist), wäre seine Rückverformung aufgrund der zu großen Reibkraft zwischen den Axialflächen behindert. Es wäre nicht gewährleistet, daß der Sicherungsring im Nutgrund zur Anlage kommt.

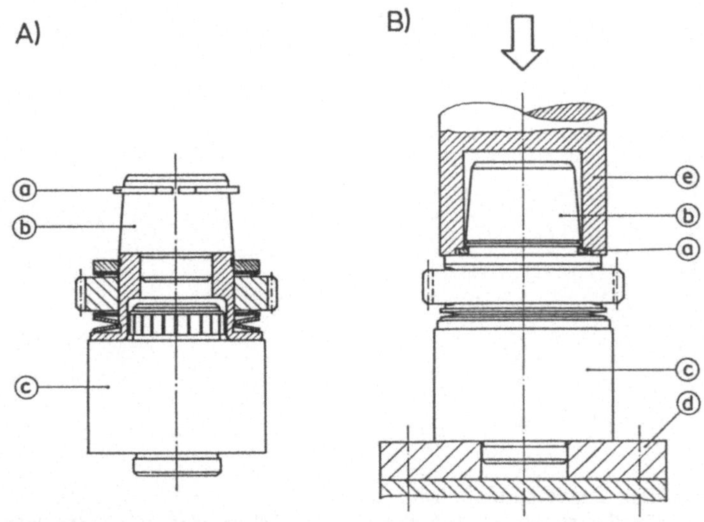

Bild 5.20: Fügen des Sicherungsrings
A) Aufnahme des Sicherungsrings, B) Preßvorgang
a Sicherungsring, b Aufsatzwerkzeug, c Spanndorngreifer, d Aufnahmewerkzeug auf dem Pressentisch, e Preßstempel

Das Beispiel demonstriert, daß es durchaus möglich ist, hochbelastbare Verbindungen aus dem Bereich des Maschinenbaus durch den Einsatz von Industrierobotern zu automatisieren, wenn der Montageprozeß bei der Produktkonstruktion konsequent mitgeplant wird, und die Teilegestaltung die Prozeßanforderungen berücksichtigt. Wie wichtig es ist, den Fügeprozeß in seiner Einbindung in den gesamten Montageprozeß zu betrachten, wird daran deutlich, daß ein Geräteelement, das an der Durchführung des Fügeprozesses erheblichen Anteil hat, der Spanndorngreifer, auch in allen anderen Teilprozessen von Bedeutung ist. Der geringe gerätetechnische Aufwand der Peripherieeinheiten und die minimalen Handhabungswege (wenige sekundäre Montagevorgänge!) konnten nur durch die enge Abstimmung aller Teilprozesse aufeinander erreicht werden. Bei der Produktgestaltung ist stets darauf zu achten, daß für alle Montagevorgänge eindeutige Bestimmflächen vorgesehen werden. Wenn enge Pasungen zu fügen sind, ist der Maßtolerierung und der Vermeidung von Summentoleranzen erhebliche Aufmerksamkeit zu schenken. Das wirksamste Mittel zur Vermeidung von Summentoleranzen ist die direkte Bestimmung über die maßgeblichen Funktionsflächen (im Beispiel: Aufnahme des Basisteils in einer Paßbohrung, Aufnehmen aller Fügeteile an den Fügeflächen). Wie zweckmäßig es ist, bei der Prozeßgestaltung die drei Grundfunktionen, *Bestimmen, Bewegen und Haltekraft erzeugen*, auseinanderzuhalten wird an dem beschriebenen Preßvorgang deutlich, wo für jede der beiden Funktionen *Vorspannkraft erzeugen* und *Bewegen des Sicherungsrings* gesonderte Wirkflächen vorzusehen waren.

5.3.3 Einspreizen von Schraubenfedern

In der Feingerätetechnik finden Schraubenfedern als Rückhol- oder Rückstellfedern häufig Verwendung. Zur Montage von Druckfedern kann sich federnd Einspreizen als äußerst wirtschaftliches Fügeverfahren erweisen, wenn die Verbindung zwischen der Feder und den benachbarten Bauteilen, zwischen denen die Federkraft wirkt, durch einen einzigen Fügevorgang hergestellt werden kann. Voraussetzung dafür ist eine spezielle Produktstruktur, wie der Darstellung in *Bild 5.21* zu entnehmen ist, aus der die Einbauverhältnisse einer der Rückstellfedern des schon mehrmals als Anwendungsbeispiel herangezogenen Reihenschalter hervorgehen. Die Feder ist zwischen dem Schaltergehäuse a und dem Schieberhals b, der aus dem Gehäuse herausragt, eingespreizt. Gehalten werden die Federn e am Gehäuse durch angeformte Nasen d und am Schieber durch angeformte Lappen c.

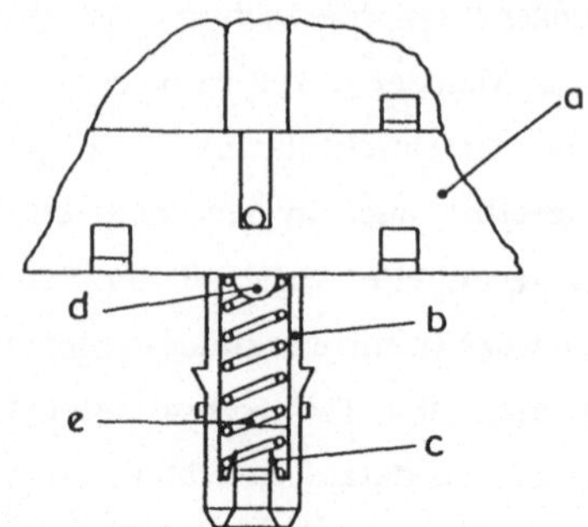

Bild 5.21: Rückstellfeder am Reihenschalter
a Schaltergehäuse, b Schieberhals, c Befestigungslappen, d Haltenase, e Rückstellfeder

Das Fügeverfahren konnte durch die Entwicklung einer speziellen Fügeeinrichtung mit einem sehr günstigen Verhältnis von primärem zu sekundärem Montageaufwand (vgl. [52]) automatisiert werden. Die Fügeeinrichtung ist stationär im Arbeitsraum des Roboters angebracht, sodaß das Schaltergehäuse wie bei den vorangegangenen Fügevorgängen durch den Roboter an der Fügeeinrichtung zu positionieren ist. Die Funktionsweise der Fügeeinrichtung geht aus *Bild 5.22* hervor. Die Schieber c werden durch den Preßkamm a vollständig in das Gehäuse b gedrückt und während des Fügevorgangs in dieser Anordnung gehalten. Die Federn sind in Schläuchen f magaziniert (in denen sie vom Federnhersteller verpackt bezogen werden) und werden mittels Druckluft zur Vereinzelungseinrichtung d gefördert. Die Federn fallen einzeln aus dem Zuführschacht auf die Dorne an den Schiebern e. Sobald das Schaltergehäuse b an der Fügeeinrichtung positioniert ist, werden die Federn durch die Fügeschieber e nach vorne bewegt. Auf dem Weg zur Einbaustelle werden sie in dem keilförmigen Spalt auf ihr Einbaumaß zusammengedrückt. Nach dem Verlassen des Spalts spreizen sich die Federn zwischen den Fügeflächen am Gehäuse und an den Schiebern ein. Das Fügeprinzip ermöglicht die gleichzeitige Montage aller sechs Federn.

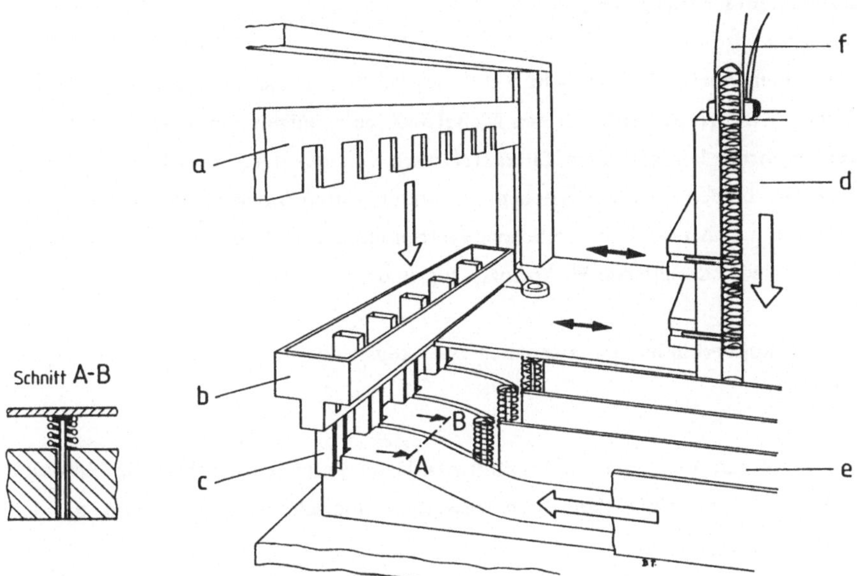

Bild 5.22: Federfügeeinrichtung
a Preßkamm, b Schaltergehäuse, c Schieber, d Vereinzelungseinrichtung, e Fügeschieber, f Magazinschlauch

Dem beschriebenen Verfahren liegt ein allgemein anwendbares Füge- und Magazinierprinzip zugrunde, das durch die Schlauchmagazinierung und die Verformung der Feder mit Hilfe des Keileffektes auf dem Weg von der Vereinzelungs- zur Einbaustelle gekennzeichnet ist. Trotzdem muß das Fügeverfahren detailliert geplant werden, um die Fügeeinrichtung und das Produkt aufeinander abzustimmen. Bei der Produktgestaltung ist vor allem darauf zu achten, daß sich der Dornschieber mit der Feder kollisionsfrei bis zur Einbaustelle bewegen läßt. Im vorliegenden Beispiel ist der Querschnitt des Schieberhalses u-förmig ausgeprägt, sodaß der Dorn, auf dem sich die Feder e während des Einbaus befindet, zwischen den Befestigungslappen c hindurchgleiten kann. Aufgrund der Schlauchmagazinierung wird an die Federn die Anforderung günstiger Vereinzelungseigenschaften gestellt. Als konstruktive Maßnahme zur Erfüllung dieser Forderung müssen die letzten Windungen vollständig angelegt werden, damit sich die Federn im Schlauch nicht gegenseitig verhaken können.

5.3.4 Schnappverbindungen

Die beiden vorangehenden Abschnitte verdeutlichten das im Grunde genommen gleiche Wirkprinzip, nämlich den Keileffekt, beim Fügen von Verbindungen, die sich in ihrem konstruktiven Charakter stark voneinander unterscheiden. Ebenso stark von beiden oben beschrieben Verbindungsarten unterscheiden sich in Konstruktion und Anwendung die Schnappverbindungen, und doch liegt dem Fügeverfahren wieder das gleiche Wirkprinzip zugrunde.

Bei Schnappverbindungen lassen sich zwei konstruktive Grundformen unterscheiden [110]:

- Zum einen kann die Formschlußwirkfläche geschlossen sein. Die elastische Verformung erfaßt dann den gesamten Querschnitt der Bauteile an den Verbindungsstellen.

- Im anderen Fall ist die Formschlußwirkfläche unterbrochen. An der elastischen Verformung nehmen somit nur Teilbereiche des Verbindungsquerschnitts teil.

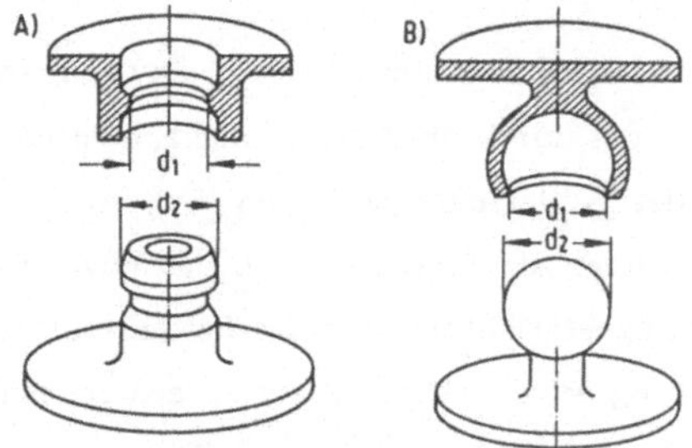

Bild 5.23: Schnappverbindungen [112]
A) zylindrisch, B) mit kugeligen Überdeckungsflächen
d_1 Durchmesser des Außenteils, d_2 Durchmesser des Innenteils

Zur ersten Grundform zählen zylindrische Schnappverbindungen und Schnappverbindungen mit kugelförmigen Überdeckungsflächen (*Bild 5.23*). Beim Fügen dieser Verbindungen wird das Außenteil gedehnt, das Innenteil gestaucht. Die Summe beider Verformungen entspricht der Hinterschnitthöhe. Bei sehr formsteifen

Innenteilen, wenn also das Innenteil massiv oder dickwandig ist, wird die ganze der Hinterschnitthöhe entsprechende Verformung am Außenteil bewirkt. Die radiale Deformation wird von den Radialkräften F_r erzwungen, die von der Berührungsfläche ausgehen. Verursacht werden die Radialkräfte F_r von der Axialkraft F_a die entsprechend den geometrischen Verhältnissen des Kegels (Fügewinkel) sowie den Reibbedingungen radial wirkende Komponenten hat (*Bild 5.24 A*). Die Axialkraft F_a ist über den Fügeweg nicht konstant. Es werden drei Phasen unterschieden (*Bild 5.24 B*) [111]. In der ersten Phase wird die notwendige radiale Deformation herbeigeführt, in der zweiten gleiten die Fügepartner aufeinander, und in der dritten schnappen Wulst und Nut ineinander. Für den Fügeprozeß ist die Fügekraft am Übergang zwischen Phase I und II, die maximale Axialkraft, von Bedeutung. Grundlagen zur rechnerischen Bestimmung der Fügekraft finden sich in [111].

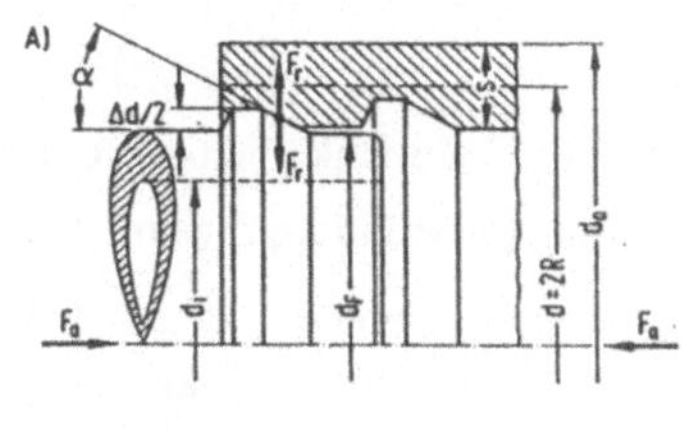

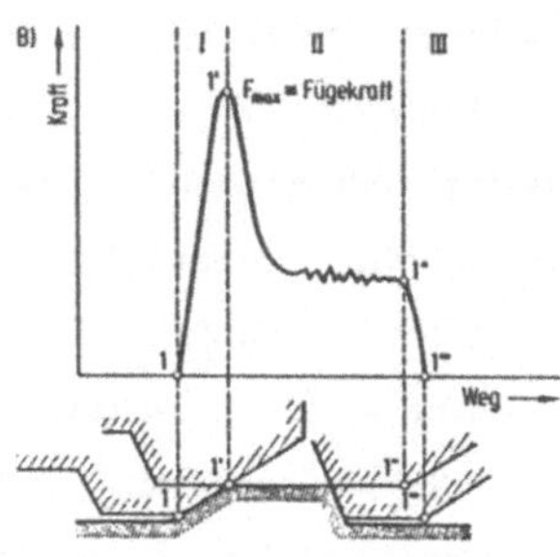

Bild 5.24: Zylindrische Schnappverbindungen [111]
A) Fügebeginn, Bezeichnungen, B) Kraft-Weg-Verlauf beim Fügen und Einteilung in Fügephasen
Phase I: radiale Deformation der Fügepartner, Phase II: Gleiten der Fügepartner bei gleichbleibendem Deformationszustand, Phase III: Ineinanderschnappen von Wulst und Nut

Während bei Schnappverbindungen mit geschlossener Formschlußwirkfläche die infolge Biegung auftretenden Dehnungen in axialer Richtung erheblich geringer als die von Druck und Zug verursachten tangentialen Dehnungen sind [111], werden die wirksamen Formelemente von Schnappverbindungen mit unterbrochener Formschlußwirkfläche, die man als federnde Haken oder Schnapphaken bezeichnet, beim Fügen vor allem auf Biegung beansprucht. Der federnde Haken wird infolge der Fügebewegung um den Betrag h_1 durchgebogen (*Bild 5.25 A*). Sowohl bei der Auslegung als auch beim Fügen ist darauf zu achten, daß die Streckgrenze des Werkstoffs bei der Biegung der Schnapphaken nicht überschritten wird. Schnapphaken werden für eine kurzzeitige meist einmalige montagebedingte Durchbiegung um die Schnapphöhe h_1 ausgelegt. Eine Dauerdurchbiegung um diesen Betrag bei nicht eingeschnappten Haken, was gelegentlich wegen schlechter Längenabstimmung oder unvollständigen Fügebewegungen vorkommt, führt bei Kunststoffen zum Brechen oder zur Deformation durch Kaltfluß [113].

Damit eine zuverlässige Montage und Funktion von Schnappverbindungen gewährleistet ist, müssen Gestaltungsmaßnahmen getroffen werden, die Fertigungstoleranzen sowie Maßveränderungen durch Temperatureinfluß oder Wasseraufnahme des Werkstoffs ausgleichen. Längentoleranzen können beispielsweise durch die elastische Wirkung von Dichtungen ausgeglichen werden (*Bild 5.25 B*). Ein Ausgleich wird auch durch den Haltewinkel bewirkt, wenn er kleiner als 90° ist (*Bild 5.25 C*). Es ist dabei darauf zu achten, daß die Bauteilbeanspruchungen nicht über dem vom Werkstoff abhängigen Grenzwert liegen. Der Haltewinkel hat außerdem noch Bedeutung für die Demontierbarkeit einer Schnappverbindung, wenn keine Angriffsflächen zum Zurückbiegen des eingeschnappten Hakens vorgesehen sind. Bei häufigem Lösen sollte der Haltewinkel zwischen 15 und 30° betragen, bei seltenem Lösen 45° nicht überschreiten [113]. Zu beachten ist, daß die Haltekraft vom Haltewinkel abhängt und bei 90° maximal ist.

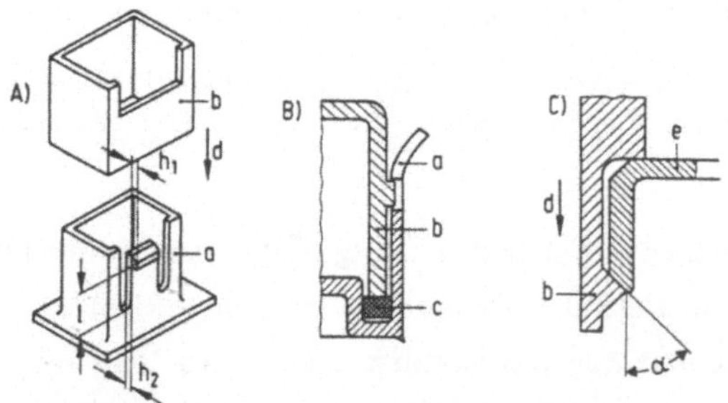

Bild 5.25: Federnde Haken
A) geometrische Verhältnisse [112], B) Längentoleranzausgleich durch die elastische Wirkung der Dichtung [113], C) Längentoleranzausgleich durch die Wirkung des Haltewinkels
a Basisteil, b Fügeteil, c Dichtung, d Fügerichtung, e Basisteil, h_1 Hinterschnitthöhe, h_2 Querschnitthöhe des Hakens, l Schnapphakenlänge, α Haltewinkel

Für den Fügeprozeß ist neben der Gestaltung der Rastelemente vor allem auch die Gestaltung der Angriffsstellen zur Aufbringung der Fügekraft und Aufnahme der Reaktionskraft von entscheidender Bedeutung. Diese Wirkflächen müssen so am Bauteil angeordnet sein, bzw. das Bauteil muß so gestaltet sein, daß die Fügekraft an die Raststellen geleitet wird, ohne daß sich die Bauteile in einem Maß verformen, das ein sicheres Einrasten verhindert. Hierauf ist vor allem bei großflächigen Bauteilen, wie z.B. dünnwandigen Gehäuseteilen zu achten. Bei Gehäuseteilen muß auch berücksichtigt werden, daß die zulässige Flächenpressung an den Kraftübertragungsstellen nicht überschritten wird, damit es nicht zur Beschädigung empfindlicher Bauteiloberflächen kommt.

5.4 Einpressen

Zu den einfachsten, dabei qualitativ hochwertigsten Verbindungen im Maschinenbau zählen die Preßverbindungen. Der Preßsitz ergibt sich aufgrund des Übermaßes eines Innenteils gegenüber dem dazu gepaarten Außenteil (in ungefügtem Zustand). In gefügtem Zustand liegen Innen- und Außenfläche einander an, sodaß beide Teile zusammen um das Übermaß verformt sind (*Bild 5.26*). Die elastische Verformung der Teile hat eine zwischen den Paßflächen wirkende Normalkraft zur Folge, welche den Reibschluß in allen nicht formschlüssig gesperrten Richtungssinnen sichert. Bei Teilen aus Stahl müssen wegen des hohen E-Moduls dieses Werkstoffs sehr enge Passungstoleranzen gewährleistet werden, damit der relativ schmale Bereich zwischen kleinster Normalkraft (aufgrund der Betriebskraft vorgegeben) und größter Normalkraft (bedingt durch die maximale Fügekraft oder die Fließgrenze des Werkstoffs) eingehalten wird. Derart hohe Fertigungsgenauigkeiten können am ehesten bei Zylinderflächen unter Wirtschaftlichkeitsbedingungen erreicht werden, weshalb Preßverbindungen am häufigsten bei Bolzen- und Stiftverbindungen, Wellen-Nabenverbindungen, Wälzlagersitzen, Buchsenverbindungen usw. Verwendung finden. Aber trotz dieser geometrischen Einschränkung ergibt sich für Preßverbindungen ein vielfältiger Anwendungsbereich. Preßverbindungen zeichnen sich dadurch aus, daß eine feste Verbindung durch einen einzigen Fügevorgang herstellbar ist, und außer den eigentlich zu verbindenden

Funktionsteilen keine weiteren Verbindungselemente erforderlich sind. Damit sind wesentliche Bedingungen für einen wirtschaftlichen Montageprozeß erfüllt. Die Automatisierung der Montage wird zusätzlich durch die funktionsbedingten hohen Fertigungsgenauigkeiten der Fügeflächen erleichtert.

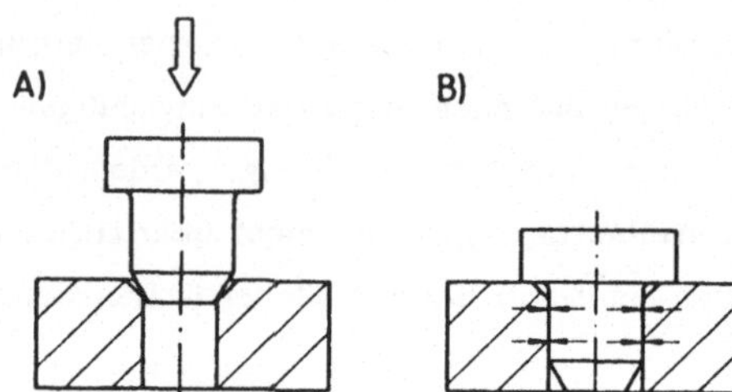

Bild 5.26: Längspreßverbindung
A) Fügebeginn, B) gefügter Zustand

Die hohen Kräfte zum Fügen der Verbindungspartner erfordern eine stationäre Fügeeinrichtung in Form einer Presse, die in der Regel mit einem an die Baugruppe angepaßten Werkzeug ausgerüstet werden muß. Das Basisteil stützt sich im Unterteil des auf den Pressentisch gespannten Werkzeugs ab, während die Einpreßkraft vom Pressenstößel über einen (oder mehrere Stempel) auf das (oder die) Fügeteil(e) übertragen wird. Eine weitere Aufgabe kommt dem Preßwerkzeug zu, wenn die Fügeteile während des Fügevorgangs fixiert werden müssen. Das Fügeteil wird dazu in der Fixierbohrung einer sich über dem Basisteil befindlichen Platte aufgenommen (*Bild 5.27 A*). Eine derartige Fixierung des Fügeteils ist immer dann notwendig, wenn es nicht oder nicht mit ausreichender Genauigkeit bereits vom Basisteil in der Fügeausgangsanordnung aufgenommen werden kann. Eine Möglichkeit der Fixierung im Basisteil mit Hilfe einer entsprechenden Teilegestaltung zeigt *Bild 5.27 B*). Eine solche Teilegestaltung ist aber in vielen Fällen nicht möglich, wenn sich dadurch die Fertigungskosten zu stark erhöhen (Einfache Zylinderstifte sind kostengünstige Normteile!) oder die größere Baulänge nicht akzeptabel ist.

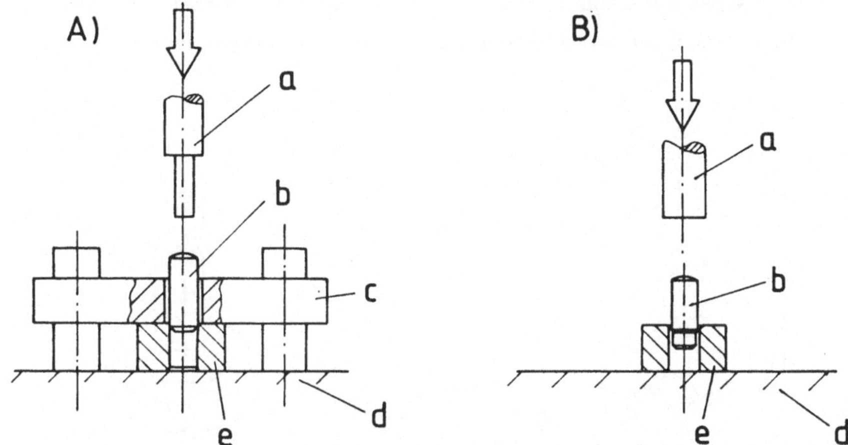

Bild 5.27: Fixierung des Fügeteils zum Einpressen
A) im Preßwerkzeug, B) im Basisteil
a Preßstempel, b Fügeteil, c Fixierplatte, d Preßauflage, e Basisteil

Vorteile des Fügeverfahrens Einpressen zur Herstellung hochbelastbarer Verbindungen sind kurze Fügezeiten und minimale Bauteilezahlen (keine Hilfsfügeteile!). Nachteilig sind die hohen Investitionskosten für die Fügeeinrichtung Presse. Bei der Planung von Montageprozessen ist deshalb eine möglichst hohe Auslastung dieser Fügeeinrichtung anzustreben. Die Produktkonstruktion kann dieser Forderung entgegenkommen, indem möglichst viele der festen Verbindungen einer Baugruppe als Preßverbindungen ausgeführt werden, und damit eine Vereinheitlichung zustandekommt. Wie solch eine Baugruppenkonstruktion aussehen kann, zeigt *Bild 5.28* am Beispiel des Pendelhubgetriebes einer Stichsäge. Alle festen Verbindungen bis auf eine, zwischen der Stirnradachse f und dem Sicherungsring a, wurden als Preßverbindungen ausgeführt. Insgesamt finden sich in der Baugruppe, die zwei Unterbaugruppen beinhaltet, sieben Preßverbindungen (*Bild 5.28 B*). Die Unterbaugruppen, Lagerbrücke und Stirnrad, sind so gestaltet, daß sämtliche Einpreßteile in einer Richtung und damit jeweils durch einen einzigen Preßvorgang gefügt werden können. In das Basisteil der Gesamtbaugruppe, die Lagerbrücke h, sind vier Zylinderstifte f – i einzupressen, die zur Führung und Lagerung der anderen Teile, Druckhebel k, Wuchtplatten e und Stirnrad d, dienen. In das Stirnrad müssen zwei Nadellager b und ein exzentrisch angeordneter Zylinderstift c, der Kurbelstift zur Erzielung der Hubbewegung des Sägeblatts, eingepreßt werden.

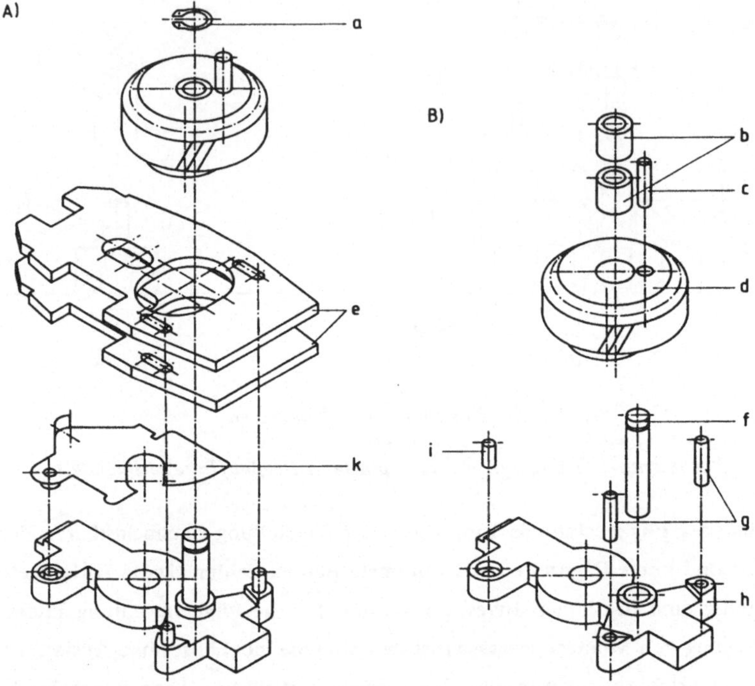

Bild 5.28: Pendelhubgetriebe einer Stichsäge in Explosionsdarstellung
A) Gesamtbaugruppe, B) Baugruppen mit einzupressenden Teilen
a Sicherungsring, b Nadellager, c Kurbelstift, d Stirnrad, e Wuchtplatten, f Lagerstift, g Führungsstifte, h Lagerbrücke, i Lagerstift, k Druckhebel

Der produktkonstruktionsbedingte Vorteil, alle Preßverbindungen an einem Basisteil aufgrund einheitlicher Fügerichtungen zugleich herstellen zu können, läßt sich nur dann nutzen, wenn alle Fügeteile zugleich in die Preßvorrichtung eingelegt werden können. Eine relativ aufwendige Lösung dieses Problems stellt die Integration von Teilezuführeinheiten am Preßwerkzeug dar, die nur bei sehr hohen Stückzahlen in Frage kommt und sich deshalb für die flexible Montage meist nicht eignet. Alle Teile zugleich lassen sich auch aufnehmen, wenn die Fixierplatte, die in *Bild 5.27 A)* Teil des Preßwerkzeugs ist, am Greifer integriert wird.

Das Prinzip zur Montage von Einpreßteilen mit Hilfe einer derartigen Einrichtung geht aus *Bild 5.29* hervor. Das Basisteil – dargestellt ist die Lagerbrücke – wird an der Bereitstellposition gegriffen und zur Bereitstelleinrichtung für die Zylinderstifte bewegt (*Bild 5.29 A*). Die in Schläuchen a magazinierten und darin durch Druckluft geförderten Zylinderstifte d fallen aus dem Schacht des Vereinzelungsschiebers b unmittelbar in die Aufnahmebohrungen der mit dem Greifer c verbundenen Fixierplatte. Damit alle 4 Zylinderstifte (vgl. *Bild 5.28 B*) zugleich aufgenommen werden können sind die Zuführschächte im Vereinzelungsschieber entsprechend dem Lochbild in der Lagerbrücke g (*Bild 5.29*) angeordnet. Nachdem die Zylinderstifte aufgenommen wurden, wird der Greifer mit allen Fügepartnern im Preßwerkzeug positioniert und dort bis zur Beendigung des Einpreßvorgangs gehalten (*Bild 5.29 B*). Die Montage der Nadellager und des Zylinderstifts am Stirnrad erfolgt in analoger Weise. Damit sich alle Montagevorgänge ohne Greiferwechsel und mit einem Preßwerkzeug durchführen lassen, müssen alle Teilprozesse aufeinander abgestimmt werden. Eine Schlüsselrolle nimmt in diesem Zusammenhang die Produktgestaltung ein, die insbesondere die Vermeidung möglicher Kollisionen zwischen verschiedenen Preßstempeln, den Bauteilen und dem Greifwerkzeug zu berücksichtigen hat.

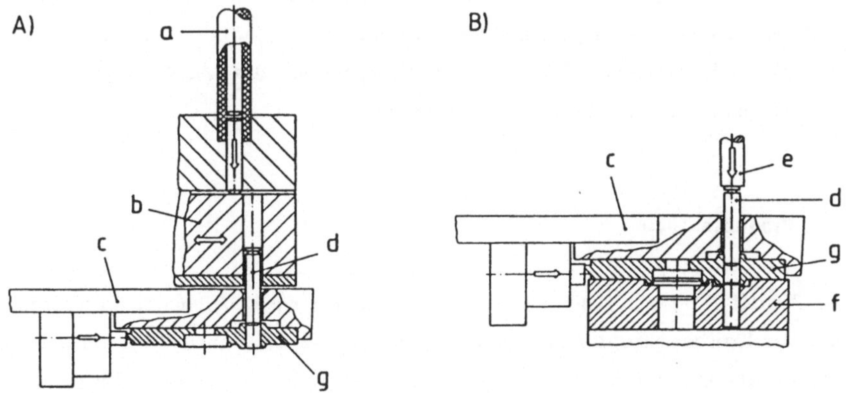

Bild 5.29: Einpressen von Zylinderstiften
A) Abholen der Zylinderstifte an der Vereinzelungseinrichtung, B) Einpreßvorgang a Magazinschlauch, b Vereinzelungsschieber, c Greifer, d Zylinderstift, e Preßstempel, f Preßwerkzeug, g Lagerbrücke

6. Gesichtspunkte der Produktgestaltung zur Optimierung von Montageprozessen

Zu Beginn der vorliegenden Arbeit (Abschnitt 1.3) wurde die Hypothese aufgestellt, daß sich nur wenige Richtlinien und Bewertungsregeln für eine montagegerechte Produktgestaltung finden lassen, die wirklich eindeutig und zudem allgemeingültig sind. Dementsprechend wurde der Schwerpunkt der vorliegenden Arbeit auf die Entwicklung von Verfahrensweisen zur Montageprozeßauslegung im Schnittstellenbereich zwischen Produkt und Montageanlage gelegt. Die Festlegung von grundsätzlichen Montageverfahren, für die es die Prozesse auszulegen gilt, wurde als das Problem der recht- und damit frühzeitigen Entscheidung erkannt (vgl. ebenda). Bisher unberücksichtigt blieb der mehr im Kompetenzbereich der Produktentwicklung liegende übergeordnete Aspekt grundsätzlicher montagerelevanter Konstruktionsentscheidungen, die prinzipiellen Montageverfahrensentscheidungen vorausgehen müssen. Dieser Aspekt soll im folgenden Kapitel behandelt werden. Es werden dabei weniger allgemeingültige Methoden und die ganze Breite der Produktkonstruktion erfassende Rezepte als vielmehr Anregungen für mögliche Vorgehensweisen gegeben. An Produktbeispielen aus dem Fahrzeugbau, für die montagegerechte Lösungen erarbeitet wurden, werden systematische Gestaltungsmaßnahmen und Gestaltungsvariationen unter Montagegesichtspunkten gezeigt. Im Vordergrund steht bei diesen Betrachtungen die Harmonisierung montageorientierter Gestaltungsmaßnahmen mit der Produktfunktion und der Ästhetik des äußeren Erscheinungsbildes, was im vorliegenden Zusammenhang der Forderung des industriellen Auftraggebers entsprach.

6.1 Produktaufbau

Der Begriff Produktaufbau, wie er hier verstanden wird, beinhaltet im wesentlichen die logische Struktur der Baugruppenaufteilung aber auch die geometrische Struktur der Einbaurichtungen und Einbauwege von Baugruppen und Einzelteilen. Mit Einbauwegen sind nicht nur Fügewege (vgl. Definition in Abschnitt 3.1: Fügebewegung) sondern auch die vom Produkt aufgrund von Kollisionsvolumina beeinflußten vorgelagerten Handhabungsbewegungen gemeint.

6.1.1 Bildung von Funktionseinheiten

Der logische Aspekt des Produktaufbaus steht in enger Beziehung zur Montageanlagenstruktur. Der Zusammenhang zwischen der zu montierenden Zahl der Einzelteile, des Arbeitsraumbedarfs ihrer Bereitstellung und der Struktur von Montagesystemen wurde in Abschn. 3.3 angesprochen. Es wurde darauf hingewiesen, daß sich die mögliche Zahl zu montierender Einzelteile aufgrund der Baugruppenstruktur von der tatsächlichen unterscheidet. Dabei kamen auch die Probleme der Taktzeitabstimmung bei verketteten Montageanlagen zur Sprache. Es ist sehr schwer, von vornherein eine optimal auf die spätere Aufgabenverteilung zwischen mehreren Montagezellen abgestimmte Baugruppenstruktur zu schaffen. Deshalb sollte in der Konstruktion versucht werden, Varianten mit unterschiedlicher Baugruppenabgrenzung zu erzeugen, aus denen unter Berücksichtigung montagetechnischer Erfordernisse die günstigste ausgewählt werden kann.

Die Unterteilung eines Produkts in getrennt montierbare Baugruppen darf auf keinen Fall zu weit getrieben werden, da hierbei die Gefahr besteht, den Montageumfang unnötig zu erhöhen. Der minimale, durch die Produktfunktion bedingte Montageumfang wird beispielsweise gesteigert, wenn die Baugruppenaufteilung entweder zusätzliche Trägerbauteile oder zusätzliche Verbindungsstellen (aufgrund der Unterteilung eines Funktionsträgers) erforderlich macht. Ungünstig wegen der damit häufig verbundenen Überbestimmung ist eine sehr große Zahl von Koppelstellen zwischen den Baugruppen, die sich ebenfalls bei einer zu starken Unterteilung eines Produkts ergeben kann. Am günstigsten unter diesen Montagegesichtspunkten erweisen sich meist Baugruppen, denen abgeschlossene Teilfunktionen des Produkts zugeordnet werden können. Eine montagegerechte Produktstruktur orientiert sich daher weitgehend an der Funktionsstruktur eines Produkts.

Die montageorientierte Produktstrukturierung beginnt mit der Ermittlung der Teilfunktionen und deren Funktionsträgern und damit in einem relativ frühen Konstruktionsstadium. Diese Schritte sollten nicht nur vollzogen werden, wenn es darum geht, ein völlig neues Produkt zu entwickeln, sondern auch dann, wenn ein Nachfolgeprodukt für ein bereits bestehendes zu konstruieren ist. In *Bild 6.1* ist die Funktionsträgerstruktur für eine Pkw-Tür abgebildet, die zu Beginn der Gestaltung einer montagegerechten Pkw-Tür aus einer konventionellen Konstruktion abgeleitet wurde. Die Darstellungsform versucht in der noch sehr abstrakten Konstruktionsphase bereits die Baugruppenbildung unter Montagegesichtspunkten einzuleiten. Deshalb wurden die Funktionsträger, die als Blöcke dargestellt sind, entsprechend ihren räumlichen Beziehungen im Produkt zusammengestellt. Verbindungen zwischen den Funktionsträgern werden in Signalverbindungen und "mechanische Verbindungen", deren Hauptfunktion die Kraftübertragung ist, unterschieden und im Diagramm durch verschiedene Linientypen symbolisiert. Diese Unterscheidung versucht von vornherein die unterschiedlichen Montageeigenschaften von "mechanischen" und signalübertragenden, zumal elektrischen (hydraulischen, pneumatischen), Verbindungen zu berücksichtigen. Selbstverständlich ist auch eine mechanische Form der Signalübertragung möglich und bei heutigen Pkw-Türen noch durchaus die Regel. Montagetechnisch besteht dann auch kaum ein Unterschied zwischen Signalverbindungen und kraftübertragenden Verbindungen. Aber Montagegesichtspunkte können dafür ausschlaggebend sein, eine Signalübertragungsart zu favorisieren oder die Signalübertragung zu vereinheitlichen. Diesem Zweck dient die Unterscheidung der Verbindungsarten.

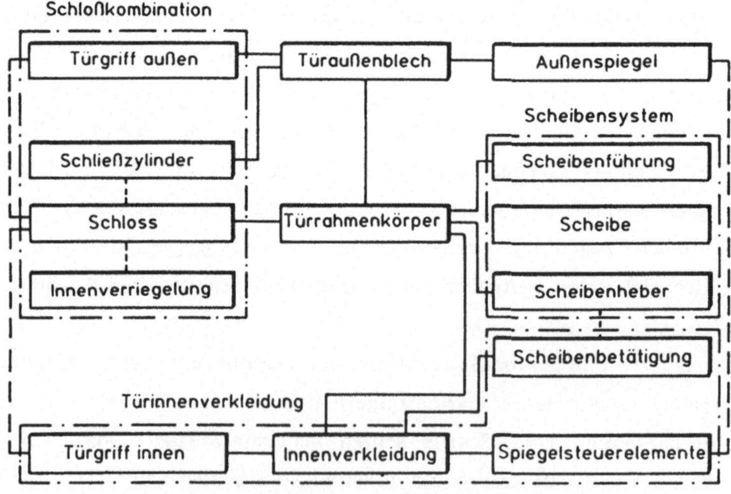

Bild 6.1: Funktionsträgerstruktur einer Pkw-Tür

Nach dem Aufzeichnen der Funktionsträgerstruktur in der beschriebenen Weise, kann dazu übergegangen werden, Baugruppen zusammenzustellen. Eine Möglichkeit der Zusammenstellung, welche die Grundlage für den späteren Entwurf bildete, geht aus den strichpunktierten Linienzügen in *Bild 6.1* hervor, die jeweils mehrere Funktionsträger umgrenzen und mit den Namen der Baugruppen oder des Trägerelements bezeichnet sind. Kriterien für die Zusammenfassung waren vor allem die räumlichen Beziehungen der Funktionsträger und die Signalverbindungen. In der Baueinheit Schloßkombination stehen die Funktionsträger, Schloß und seine Bedienelemente, nur durch Signalverbindungen miteinander in Beziehung. Alle diese Elemente befinden sich aus Funktions- und Bedienungsgründen im gleichen Türbereich. Es ist deshalb naheliegend, das Schloß mit den meisten seiner Bedienelemente als vormontierbare Baugruppe zusammenzufassen. Der Türgriff zur Betätigung des Schlosses vom Fahrgastraum aus muß aus Gründen einer ergonomischen Bedienung in einem anderen Türbereich angebracht werden. So erscheint seine Integration in die Baugruppe Schloßkombination nicht sinnvoll. Eine Funktionseinheit bildet das Scheibensystem mit Scheibe, Scheibenführung und Scheibenheber. Als dritte Baueinheit wurde die Türinnenverkleidung mit den an ihr angebrachten Betätigungselementen zusammengefaßt. Der Außenspiegel bildet mit seinen Bewegungselementen eine Baugruppe für sich. Als Türrahmenkörper wurde das tragende Strukturbauteil bezeichnet, das als Basisteil zur Montage der einzelnen Baugruppen dient. Unter Funktionsgesichtspunkten kann zwischen dem tragenden Strukturbauteil, dem Türrahmenkörper, und dem Türaußenblech, dessen Aufgabe primär stylistischer und aerodynamischer Natur ist, unterschieden werden, unabhängig davon, ob diese beiden Funktionselemente in ihrer konstruktiven Ausführung baulich vereint werden.

6.1.2 Variation und Kombination von Teillösungen

Die Aufteilung eines komplexen Produkts in Funktionseinheiten ermöglicht es dem Konstrukteur, für diese Einheiten getrennte Lösungen zu suchen, diese Lösungen relativ unabhängig von denen für andere Funktionseinheiten zu variieren und die Teillösungen zu einer Vielzahl von Gesamtlösungen zu kombinieren (vgl.

dazu auch VDI 2221). Eine Variation der Teillösungen kann dabei gezielt unter den Aspekten der Montageerleichterung erfolgen aber auch unter anderen, zunächst nicht auf die Montage gerichteten Gesichtspunkten. Vorteile für die Montage sind häufig erst nach der Kombination der Teillösungen zu Gesamtlösungen erkennbar. In dieser Eigenschaft kommt der Anteil einer Teillösung zum Ausdruck, der von den anderen Teillösungen bzw. der Gesamtlösung nicht unabhängig ist. Für die Baueinheiten der im vorangehenden Abschnitt als Beispiel herangezogenen Pkw-Tür wurden Varianten nach verschiedenen Gesichtspunkten erzeugt und zu Gesamtlösungen kombiniert. *Bild 6.2* zeigt eine Kombinationsmatrix für drei Baueinheiten, den Türgrundkörper, die Schloßkombination und den Fensterheber.

Zum Türgrundkörper wurde der Rahmenkörper und das Außenblech zusammengefaßt. Diese Baueinheit wurde unter verschiedenen konstruktiven Gesichtspunkten auf der Basis zweier Trägerstrukturen variiert. Da die Pkw-Tür Teil der Fahrgastzelle ist, die im "Crashfall" die Insassen zu schützen hat, muß die Trägerstruktur im wesentlichen eine ausreichende Längs- und Quersteifigkeit gewährleisten. Diese Steifigkeitsanforderungen werden von beiden gewählten Grundtypen erfüllt, deren kennzeichnendes Unterscheidungsmerkmal die Zugänglichkeit des potentiellen Einbauraums für Aggregate der Pkw-Tür ist (geometrische Struktur der Einbaurichtungen und Einbauwege). Die Zugänglichkeit ist optimal bei den ersten beiden Grundkörpern (1.1, 2.1), deren tragende Struktur durch die von einem umlaufenden Kastenprofil versteifte Außenhaut gebildet wird. Bei dem zu einem Hohlkörper verschweißten Innen- und Außenblech (3.1) ist der Innenraum nur über Durchbrüche zugänglich. Eine andere Möglichkeit, die Zugänglichkeit bei diesem Grundtyp zu gewährleisten, besteht darin, die beiden Teile erst nach dem Aggregateeinbau zum tragenden Grundkörper zusammenzufügen (4.1), wozu die Fügeverfahren Schweißen oder Bördeln (Rohbauverfahren) in der Endmontage allerdings ausscheiden. Einen fahrzeugtypbezogen Variationsparameter stellt der Fensterrahmen dar, der bei Cabriolet- oder Coupé-Typen nicht vorhanden ist. Prinzipiell kann dieser Variationsparameter auf beide Grundformen des Türgrundkörpers angewendet werden, wurde hier aber nur für eine dargestellt (1.1).

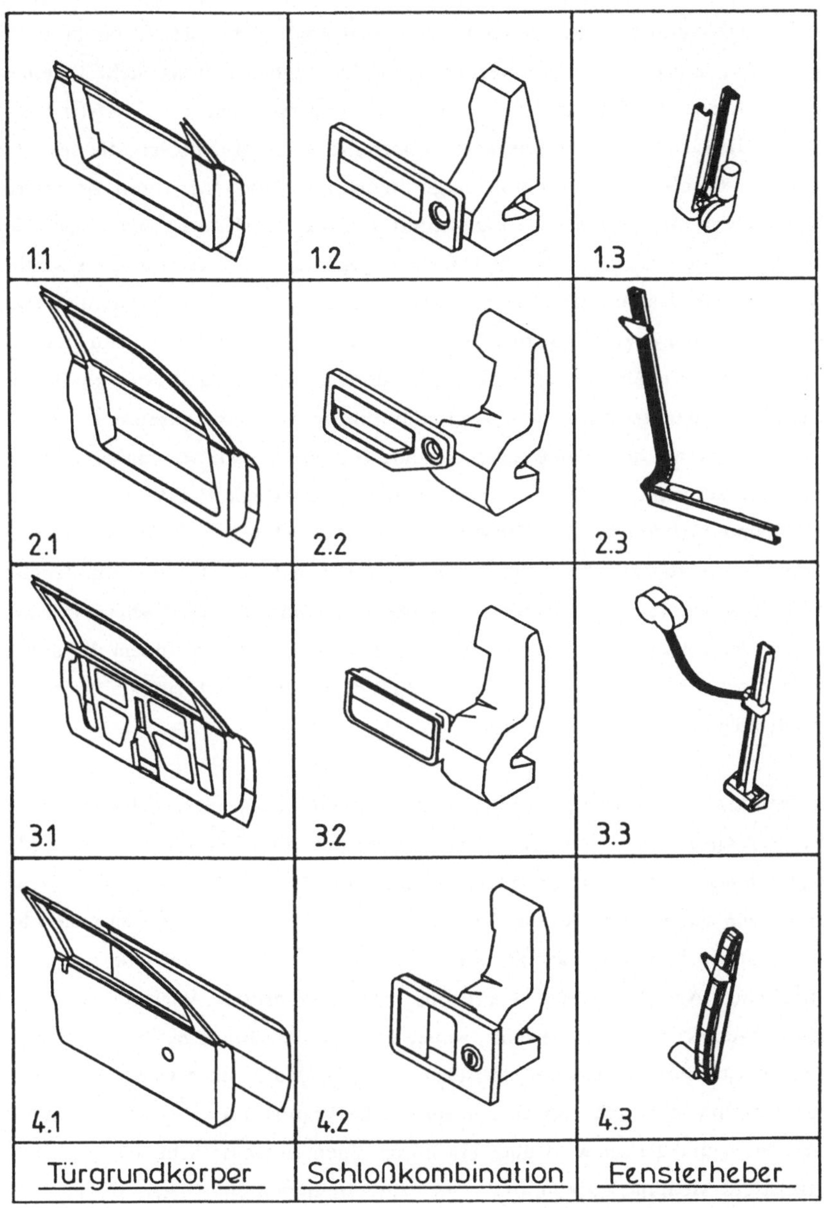

Bild 6.2: Kombinationsmatrix zur Variation der Gesamtlösung einer Pkw–Tür

Die Schloßkombination wurde im wesentlichen unter dem Gesichtspunkt unterschiedlicher Einbaurichtungen variiert. Mit der Einbaurichtung steht in engem Zusammenhang die Gestaltung der Übergangszone zwischen der Griffschale und dem für die Griffschale vorgesehenen Ausschnitt im Türaußenblech, die vor allem optischen Qualitätsansprüchen zu genügen hat. Sind für einen Betrachter Bezugskanten zwischen dem Türausschnitt und der Griffschale (oder auch dem Türgriff) erkennbar, z.B. parallele Umrandungskanten, muß gewährleistet werden, daß sich diese Kanten nach der Montage in einer dem Qualitätsstandard entsprechend tolerierten Anordnung zueinander befinden. Dieses Ziel kann man erreichen entweder durch einen Justiervorgang oder durch Zentrier- und Anschlagflächen, welche die Fügebewegung und damit die Einbauanordnung bestimmen. Lassen sich Bezugskanten durch eine entsprechende Gestaltung ganz vermeiden, sind keine Justiermaßnahmen oder Bestimmelemente erforderlich. Bei Variante 3.2 sind Griff- und Griffschale aus einer normalen Blickrichtung vollständig durch das Außenblech verdeckt. Der Schließzylinder, der in jedem Fall das Türaußenblech durchdringen müßte, wenn er nicht in den Griff oder die Griffschale integriert werden kann, wurde in dieser Lösungsvariante ganz vermieden, indem die mechanische Signalübertragung (Schlüssel - Schloß) durch die Übertragung eines codierten Ultraschallsignals ersetzt wurde.

Die Fensterhebervarianten wurden einheitlich mit integrierter Scheibenführung gestaltet, woraus sich eine kompakte Bauform des gesamten Antriebs- und Führungssystems sowie eine einfache Verbindung mit der Scheibe ergibt. Die Varianten wurden durch Veränderung des Antriebselements erzeugt. Bei den ersten beiden Lösungen (1.3, 2.3) handelt es sich um offene Zahnriementriebe mit unterschiedlicher Anordnung des Leertrums. Bei der dritten Variante wurde ein Zahnstangen-Ritzel-Trieb gewählt, wobei das Ritzel am linear beweglichen Läufer befestigt ist. Das Drehmoment zwischen Antrieb (Motor oder Handkurbel - sowohl elektromechanische als auch manuelle Betätigung sind als Produktvarianten vorgesehen) und Ritzel wird über ein durch einen flexiblen Schlauch gefördertes zähflüssiges Medium, Silikon, und zwei Zahnradpumpen übertragen. In der dritten Variante findet ein geschlossener Zahnriementrieb Verwendung. In der Kombinationsmatrix in *Bild 6.2* ist selbstverständlich nur ein kleiner Ausschnitt möglicher

Lösungen zur Erfüllung der Teilfunktionen berücksichtigt. Bewußt wurden zum Teil unkonventionelle Lösungen aufgeführt, um die Vermeidung einer Lösungsfixierung zur Erweiterung des Feldes für montagegerechte Lösungen zu verdeutlichen. Es soll auch gezeigt werden, in welch frühem Konstruktionsstadium und durch welche Entscheidungen – Festlegung von Wirkprinzipien – unter Umständen Montageeigenschaften beeinflußt werden können.

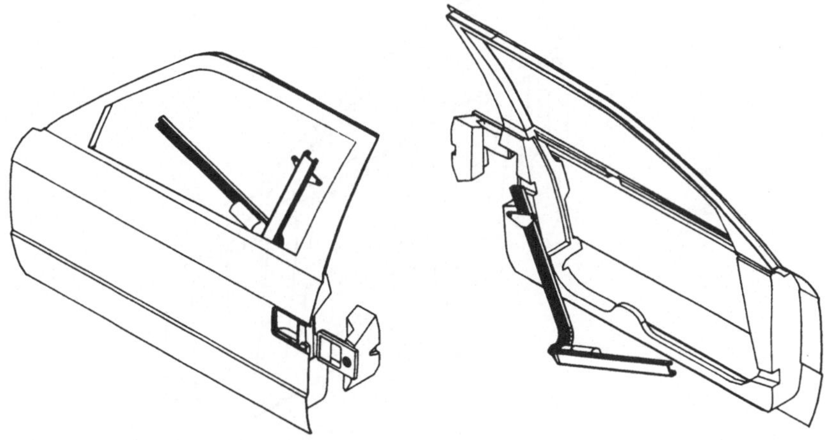

Bild 6.3: Pkw–Tür durch Kombination der Teillösungen 2.1, 4.2 und 2.3 der Kombinationsmatrix in Bild 6.2

Alle Montageeigenschaften einer Gesamtlösung ergeben sich erst durch das Zusammenwirken der ausgewählten Teillösungen. Die Kombination der Teillösungen und damit die Erzeugung von Gesamtlösungsvarianten läßt sich sehr effektiv mit Hilfe eines dreidimensionalen volumenorientierten CAD–Systems durchführen. *Bild 6.3* zeigt eine am CAD–System gestaltete Lösung, die aus den Teillösungen 2.1, 4.2 und 2.3 der Variantenmatrix in *Bild 6.2* gebildet wurde. Eine Kombination aus 3.1 und 1.3 zeigt *Bild 6.4*. Das CAD–System erleichtert die Gestaltung der gemeinsamen Schnittstellen zwischen den Baueinheiten, also der Fügeflächen. Es lassen sich die Einbaubedingungen untersuchen sowie Kollisionsbetrachtungen durchführen, was hier vor allem im Einbaubereich der Schloßkombination von

Bedeutung war, wo unter beengten Verhältnissen auch noch eine Scheibenführung unterzubringen war, und der Einbau der Scheibe nicht behindert werden sollte. Die Fügehilfsflächen können unmittelbar aus der Abbildung der Hüllflächen abgeleitet werden, die sich durch die Verschiebung der zu fügenden Bauteile entlang der zulässigen Fügewege ergeben.

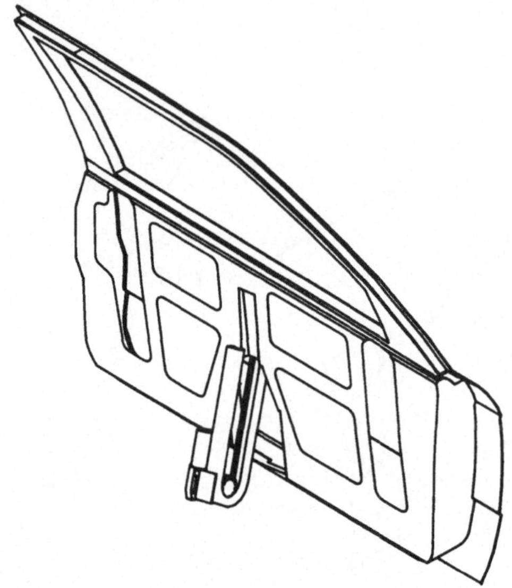

Bild 6.4: Pkw–Tür durch Kombination der Teillösungen 3.1 und 1.3 der Kombinationsmatrix in Bild 6.2

6.2 Gestaltung der Verbindungen

6.2.1 Kraftflußleitung

Eine wesentliche die Montage beeinflussende Produkteigenschaft ist die Fügekraft, die zur Herstellung einer Verbindung erforderlich ist. Die Fügekraft steht bei kraftschlüssigen Verbindungen in direkter Beziehung zur Vorspannkraft. Aus der grundsätzlichen Betrachtung der Wirkung von Verbindungen in Abschn. 2.4 geht hervor, daß sich bei kraftschlüssigen Verbindungen die zwischen zwei Flächen übertragbare Kraft in den verschiedenen Richtungssinnen stark unterscheidet. In

Bild 6.6 ist die übertragbare Kraft im Verhältnis zur Vorspannkraft, die diese Flächen zusammenpreßt, graphisch aufgetragen. Dieser Zusammenhang sollte bei der Festlegung des Kraftflusses, der durch die Verbindung geht, berücksichtigt werden und zwar in einer Weise, daß unter den gegebenen Randbedingungen die erforderliche Vorspannkraft minimal ist. In den seltensten Fällen hat man es aber mit rein statisch beanspruchten Verbindungen zu tun, bei denen die Betriebskraft in genau einem Richtungssinn wirkt, sondern mit dynamisch beanspruchten Verbindungen, die sich dadurch auszeichnen, daß Kräfte in mehr als einem Richtungssinn, meistens in allen Richtungssinnen des Raumes, zu übertragen sind. Jedoch ergeben sich auch bei dynamisch beanspruchten Verbindungen Hauptbelastungsrichtungen bzw. -richtungssinne aufgrund der Überlagerung großer statischer Kräfte. Werden Richtungssinne der Hauptbelastung in der Verbindung durch Formschluß gesperrt, können die erforderlichen Vorspannkräfte entsprechend den (kleineren) dynamischen Kräften minimiert werden.

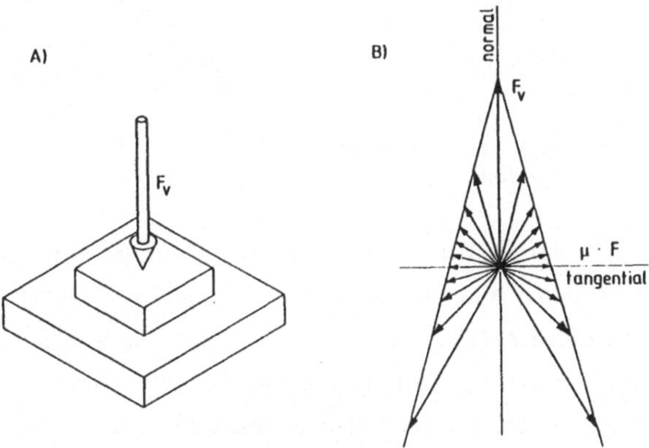

Bild 6.5: Kraftschlußverbindung – Zusammenhang zwischen der Vorspannkraft und der übertragbaren Kraft

Der Zusammenhang zwischen der Hauptbelastungsrichtung und der Anordnung von Formschlußwirkflächen gibt erste Hinweise auf bevorzugte Fügeverfahren und Fügerichtungen unter dem Gesichtspunkt minimaler Fügekraft. Analysiert man die Kraftwirkung an der Schloßkombination, ergibt sich der in *Bild 6.6* quali–

tativ dargestellte Kräfteplan. Wesentliche zwischen der Schloßkombination und dem Türgrundkörper zu übertragende statische Kräfte leiten sich aus der Schließfunktion, der Öffnungsfunktion und der Forderung nach Diebstahlsicherung her. Die Schließkraft wird vom Schließbolzen auf die Drehfalle des Schlosses ausgeübt und die Öffnungskraft greift am Türgriff an. Zur Diebstahlsicherung muß jeder Richtungssinn gesperrt werden, in welchem auf die Schloßkombination eine Kraft ausgeübt werden kann. Solche "Gewaltkräfte" können über den Türgriff nach außen und über die gesamte Außenfläche der Schloßkombination nach innen aufgebracht werden. Der Kräfteplan zeigt, daß in nahezu sämtlichen Richtungssinnen Kräfte in etwa gleicher Größenordnung anzunehmen sind.

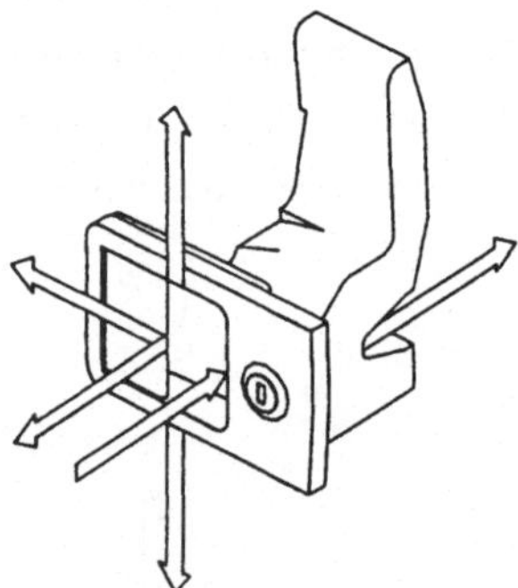

Bild 6.6: Wirkung der Kräfte an der Schloßkombination

Das Fügeverfahren, das bei der geringsten Anzahl von Fügevorgängen die meisten Richtungssinne (nämlich alle bis auf einen) formschlüssig sperrt ist das Fügen durch Ineinanderschieben (vgl. Abschn. 5.2.4). Soll dieses Fügeverfahren beim Einbau der Schloßkombination zur Anwendung kommen, liegt die Richtung der Fügebewegung bereits fest. Die Schloßkombination muß von der Stirnseite der Tür in eine nach hinten offene Aussparung im Außenblech geschoben werden (*Bild 6.7 A*). Die Paarungsflächen werden durch eine umlaufende Nut an der Schloßkombination und einen an der Ausspaarung im Außenblech abgesetzten Rand gebildet. Der lange Fügeweg, der bei ungenauer Fügebewegung ein Verkanten und Verklemmen der Fügepartner zur Folge haben kann, läßt sich verkürzen, wenn die Fügeflächen in Fügerichtung verjüngend gestaltet werden (*Bild 6.7 B*). Ein weiterer Vorteil dieser Paarungsflächengestaltung ist die Spielfreiheit der Fügepartner in der Endstellung des Einbauzustands. Allerdings muß bei gewissen Fertigungstoleranzen ein nicht ganz bündiges Abschließen der Hinterkante der Schloßkombination mit der des Türgrundkörpers in Kauf genommen werden. Stylistische Einwände können außer gegen diesen Mangel auch gegen zulaufende Kanten des außen sichtbaren Griffeldes vorgebracht werden.

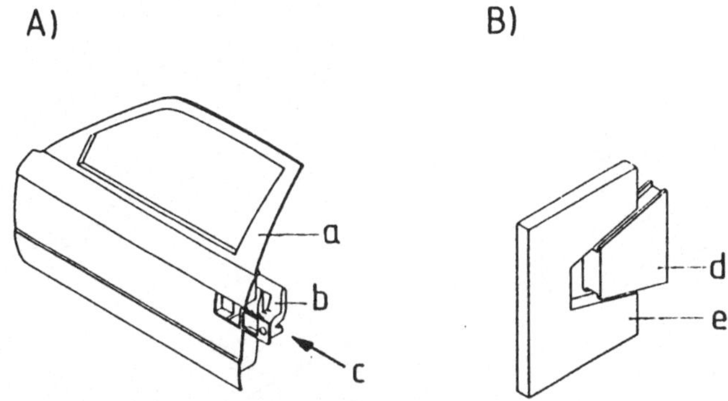

Bild 6.7: Fügen von Schloßkombination und Türgrundkörper durch Ineinanderschieben
A) Einbauverhältnisse, B) Gestaltung der Fügeflächen zur Fügewegverkürzung und zur Erzielung von Spielfreiheit
a Türgrundkörper, b Schloßkombination, c Fügerichtung, d Fügeteil, e Basisteil

Wird unter stylistischen Gesichtspunkten zudem nicht akzeptiert, daß das Griffeld bis an die Türhinterkante reicht, müssen Lösungen mit anderen Fügeverfahren gesucht werden. Unter diesen Stylinganforderungen werden die möglichen Fügerichtungen auf den Bereich vom Inneren der Tür nach außen beschränkt. Eine Verbindungslösung, die diesen Ansprüchen genügt und eine Minimalzahl von Fügevorgängen erfordert, zeigt *Bild 6.8*. Die Fügebewegung setzt sich aus zwei aneinandergereihten Richtungskomponenten zusammen. Zuerst wird die Schloßkombination geradlinig bis zu einem Anschlag eingeführt (*Bild 6.8 B*) und anschließend durch eine kurze Drehbewegung um den vorderen Halterungspunkt in die Aussparung der Außenhaut gebracht (*Bild 6.8 C*). Die Paarungsflächen der Halterung c sind so ausgebildet, daß bei der Drehung die Verbindung an dieser Stelle aufgrund des Keileffekts unter Vorspannung gerät. Die Fügekraft wird durch den wirksamen Hebel zwischen dem Kraftangriff im hinteren Schloßbereich und der Halterung verstärkt. Die gesamte Verbindung muß zuletzt noch durch zwei Schrauben gesichert werden (*Bild 6.8 C*).

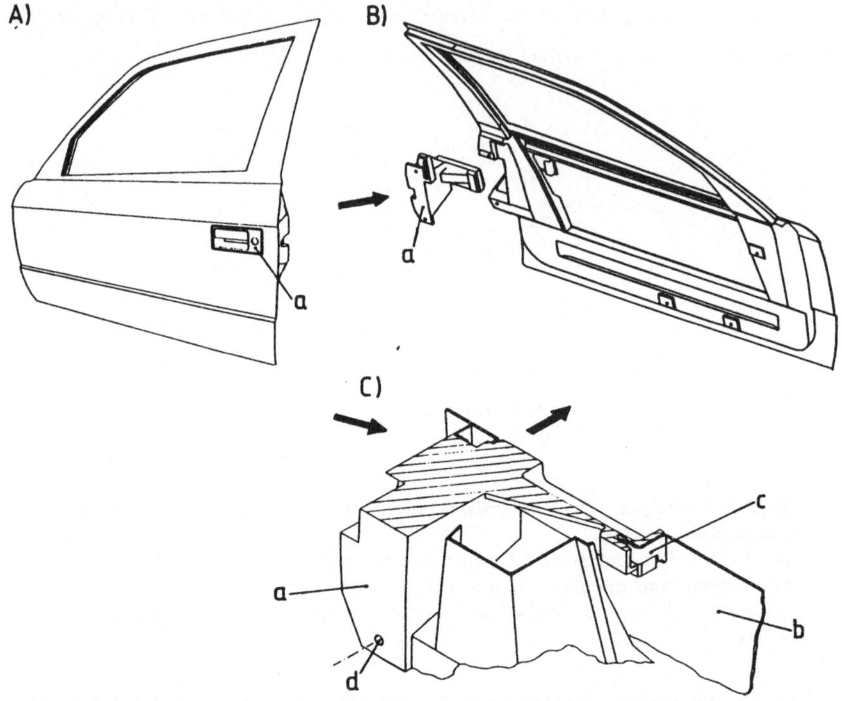

Bild 6.8: Montagegerechte Pkw-Tür – Variation der Fügebewegung zur Erzielung einer stylistischen Alternative
A) zusammengebaute Tür, B) Baugruppen, C) horizontaler Schnitt durch die eingebaute Schloßkombination
a Schloßkombination, b Türaußenhaut, c Halterung, d Schraubenbohrung

6.2.2 Festlegen des Fügeverfahrens zur Sicherung der Einbauanordnung

Um eine Verbindung zwischen zwei Teilen herzustellen, sind im allgemeinen mehrere Fügevorgänge nötig (vgl. Abschn. 5.1). Der erste Fügevorgang bringt die Teile in ihre Einbauanordnung, während der oder die folgenden Fügevorgänge zur Sicherung dieser Einbauanordnung im Betrieb des Produkts dienen. Mit Ausnahme der Stoffschluß erzeugenden Fügeverfahren bedürfen die "sichernden" Fügeverfahren immer gewisser Kräfte oder Momente (vgl. Abschn. 2.4.2). Ein Kraftschluß wird durch eine elastische Bauteilverformung bewirkt. Ein Formschluß ergibt sich beim Nieten, Schränken, Bördeln usw. erst nach einer plastischen Bauteilverformung. Entsprechende Fügekräfte und -Momente können häufig nur mit speziellen Fügewerkzeugen oder Fügeeinrichtungen aufgebracht werden. Die Möglichkeit, diese Geräte im Montageprozeß einzusetzen, ist für die Verbindungsgestaltung genauso maßgebend wie die übrigen konstruktiven Forderungen nach einer bestimmten Festigkeit der Verbindung, ihrer Lösbarkeit oder Nichtlösbarkeit usw..

Bei der Verbindungskonstruktion sind als wichtigste Eigenschaften von Fügegeräten zu berücksichtigen deren äußere Gestalt im Hinblick auf die kollisionsfreie Zugänglichkeit der Fügestellen sowie ihre Mobilität, d.h. ob das Fügewerkzeug an die Fügestelle gebracht werden kann oder die Fügepartner in den Arbeitsraum der Fügeeinrichtung zu bringen sind. Stationäre Fügeeinrichtungen werden für große Fügekräfte benötigt, wie sie zur Herstellung hochfester Preß- oder Nietverbindungen erforderlich sind. Solche Verbindungen können nur dann vorgesehen werden, wenn gewährleistet ist, daß die Werkstücke in den Arbeitsraum einer Presse gebracht werden können, sie also nicht zu groß oder zu schwer sind, um sie zu handhaben, und außerdem eine Kollision mit dem Pressengestell ausgeschlossen ist. Ähnliches gilt für Schraubverbindungen, die sich nur bis zu bestimmten Schrauben- und Vorspannungsgrößen mit Hilfe einer vom Industrieroboter gehandhabten Schraubspindel herstellen lassen. Überschreiten die Anforderungen der Schraubverbindung die Grenzen des Fügemoments, das durch bewegliche Schraubspindeln aufgebracht werden kann, sind stationäre Schraubautomaten einzusetzen.

Die einsetzbaren Fügeverfahren bilden neben den Überlegungen der am besten geeigneten Struktur der Montageanlage ein wichtiges Kriterium für die Unterteilung eines komplexen Produkts in Baugruppen. Mit der Baugruppenaufteilung verfolgt man immer das Ziel, möglichst eine nach der Teilegröße gegliederte Produktstruktur zu erreichen. Im Kraftfahrzeugbau liegt eine solche Baugruppenstruktur heute noch in sehr unzureichendem Maße vor. Ein Großteil der Kleinteile muß in der Endmontage in die Karosserie eingebaut werden. Die Bildung einer montagegünstigen Baugruppenstruktur wird bei Automobilen vor allem durch Leichtbauanforderungen behindert, die zur Konstruktion selbsttragender Karosserieen führen, die das wesentliche Trägerteil für sämtliche Einbauteile bilden. Eine unter Leichtbaugesichtspunkten optimierte Karosserie in kleinere Trägerbauteile für Baugruppen aufzuteilen, ist aus Steifigkeitsgründen nahezu unmöglich, da sich mit den in der Endmontage einsetzbaren Fügeverfahren keine den Schweißverbindungen entsprechenden Verbindungen erzielen lassen. Aus der Fahrzeugstruktur können deshalb nur Bereiche ausgegliedert werden, deren Beitrag zur Steifigkeit der Karosserie gering ist, wie die Türen, das Cockpit oder die vordere und hintere Abschlußwand, auch als Front- und Heckend bezeichnet. Diese Großbaugruppen können in einer automatisierten Montage nur mit beweglichen Fügewerkzeugen befestigt werden. In *Bild 6.9* ist ein Industrieroboter dargestellt, der mit solch einem Fügewerkzeug, einer automatischen Schraubspindel, ausgerüstet ist. In ähnlicher Weise kann auch ein Blindnietwerkzeug mit automatischer Zuführung der Niete durch einen flexiblen Schlauch am Roboter angeflanscht werden.

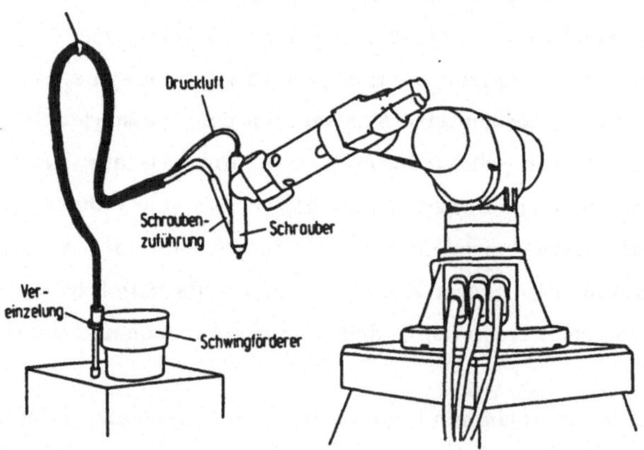

Bild 6.9: Industrieroboter mit automatischer Schraubeinrichtung

Bei der Ausgliederung einer Vormontagebaugruppe im Heckbereich eines Pkw mußte einerseits die erzielbare Steifigkeit der Verbindung durch die anwendbaren Fügeverfahren berücksichtigt werden, andererseits die Zugänglichkeit der Fügestellen durch ein vom Roboter gehandhabtes Fügewerkzeug. Für die Hilfsfügeteile (Schrauben oder Nieten) kam nur eine Fügerichtung vom Inneren des Kofferraums nach außen in Frage, um für den Betrachter sichtbare Fügestellen zu vermeiden und auf diese Weise den Qualitätsansprüchen des Automobilherstellers gerecht zu werden. Berücksichtigt man neben diesen konstruktiven Anforderungen die Kollisionsbedingungen des Fügewerkzeugs, wird die Wahl in Betracht zu ziehender Fügerichtungen zur Befestigung der Heckbaugruppe stark eingeschränkt. *Bild 6.10* zeigt einen Lageplan mit eingetragenen möglichen Fügerichtungen. Die Entscheidung zwischen Schrauben und Nieten kann von anderen als montagebedingten Anforderungen abhängig gemacht werden, z.B. der Lösbarkeit der Verbindung zur Erleichterung der Montage im Reparaturfall.

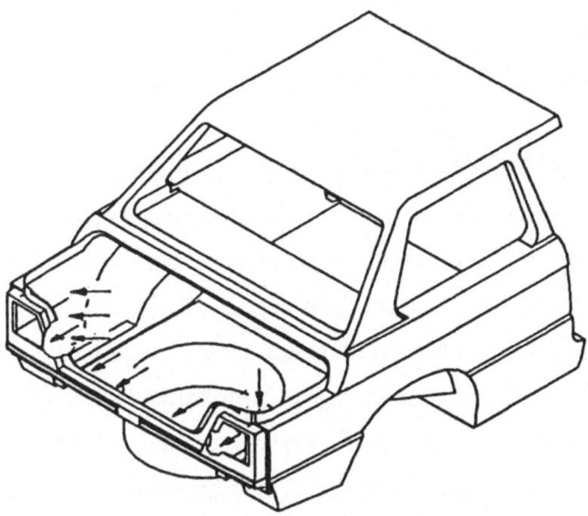

Bild 6.10: Fügerichtungen zur Befestigung des Heckends

6.2.3 Gestaltung der Fügeflächen

Unter Fügeflächen sollen alle Flächen in der Verbindungszone der Fügepartner verstanden werden, die sich während des Fügevorgangs berühren oder miteinander in Berührung kommen können. Solche Kontaktflächen sind die Verbindungswirkflächen, die die Betriebskräfte zwischen den Bauteilen übertragen (bei entsprechender Funktion auch elektrischen Strom oder Wärme). Darüber hinaus zählen zu den Fügeflächen auch die Fügehilfsflächen, die während des Fügevorgangs als Führungs- und Begrenzungsflächen wirken und auf diese Weise die Fügebewegung anordnungsändernd bestimmen. Die Gestaltung der Fügehilfsflächen wird ausschließlich durch den Fügeprozeß bestimmt. Maßgebend ist die Form der Fügebewegung und die Größe der auszugleichenden Toleranzen. Die Verbindungswirkflächen werden dagegen zu einem gewissen Anteil durch die Verbindungsfunktion bestimmt (z.B. Größe der Wirkflächen aufgrund der Beanspruchung und der zulässigen Flächenpressung, Gestalt aufgrund der funktionsbedingten Bauteilabgrenzung). Es ist auch vorstellbar, daß die Verbindungswirkflächen vollständig durch die Verbindungsfunktion festgelegt werden. Ist dies aber nicht der Fall, sodaß ein gewisser Gestaltungsspielraum besteht, muß der Gestaltungsspielraum in einer Weise genutzt werden, die den Fügeprozeß vereinfacht.

Die montagegerechte Fügeflächengestaltung beginnt mit der für den Fügeprozeß günstigsten Abgrenzung der Bauteile zueinander, der Festlegung der Trennfugen, wenn diese nicht bereits aufgrund der Bauteilfunktion feststehen. Solch ein Spielraum in der Festlegung der Trennfugen lag zu einem gewissen Grad bei der Abgrenzung der Vormontagebaugruppe Heckend vor. Die Zielsetzung war, im Heckbereich eines Pkw eine kompakte, noch handhabbare Baugruppe mit möglichst großem Montageumfang aus der Fahrzeugstruktur auszugliedern, ohne die Steifigkeit der Karosserie zu mindern und das Gesamtgewicht des Fahrzeugs zu erhöhen. Außerdem sollte eine möglichst große Variantenneutralität erreicht werden. Die Forderung nach Variantenneutralität bestimmte im wesentlichen den Umfang der Baugruppe, da Bereiche der Hinterwand ausgeschlossen waren, die in Wagenfarbe zu lackieren sind. Lackierung in Wagenfarbe läßt sich in dem gesamten hinteren Abschlußbereich vermeiden, der die beiden Heckleuchtenkombinationen und den Stoßfänger einschließt und nach oben an die Heckklappe grenzt (*Bild 6.11*).

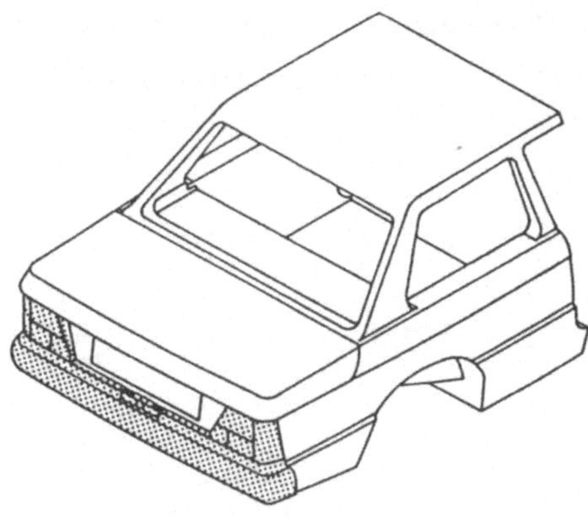

Bild 6.11: Abgrenzung der Vormontagebaugruppe Heckend

Der Spielraum für die Anordnung der Trennfugen besteht beim Heckend in der in bestimmten Grenzen variablen Ausdehnung der aneinanderschließenden Bauteile. *Bild 6.12* zeigt verschiedene Varianten des Übergangs von Stoßfänger und Karosserieseitenteil. Bei Variante 1) und 2) ist der Stoßfänger bis zum Radausschnitt vorgezogen, eine derzeit häufig zu sehende stylistische Lösung. Der Unterschied zwischen beiden Lösungen besteht darin, daß bei 2) der Stoßfänger tangential in den Radausschnitt übergeht, wodurch bei der Montage eine Stufenbildung in der Übergangszone auf jeden Fall vermieden wird. Der Stoßfänger wird ja mit der hinteren Abschlußwand bei der Vormontage fest verbunden, sodaß sich Längentoleranzen zwischen dem Stoßfängerseitenteil und dem Karosserieseitenteil auswirken können. Bei 1) muß, um diese Stufenbildung zu vermeiden, am Radausschnitt in Längsrichtung ein Anschlag zur Bestimmung der Vorderkante des Stoßfängers vorgesehen werden. Dieser ist allerdings nur zusammen mit einer in Längsrichtung nachgiebigen Befestigung des Stoßfängers an der Abschlußwand wirksam. Bei Variante 3) wurde jede optische Bezugskante an der Karosserie zum Stoßfänger vermieden. Das Stoßfängerseitenteil überlappt die Karosserie in einem glattflächigen Bereich, eine Lösung, die allerdings unter den Gesichtspunkten der Aerodynamik weniger geeignet ist. Bei Variante 4) wurde eine Übereinstimmung zwischen optischen Bezugskanten und Fügeflächenkonturen herbeigeführt, indem das Stoßfängerseitenteil nur auf die Größe des Seitenbereichs der Abschlußwand unterhalb der Heckleuchten ausgedehnt wurde. Neben der Vermeidung zusätzlicher Bestimmaßnahmen spricht die Kompaktheit der Baugruppe Heckend für diese Lösung.

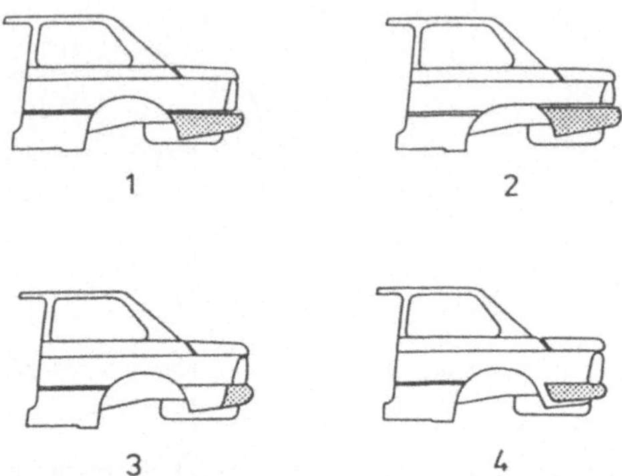

Bild 6.12: Übergangsvarianten zwischen Heckend und Karosserieseitenteil

Das komplett montierte Heckend wird in der Endmontage an die Karosserie gebracht und geradlinig von hinten gefügt (*Bild 6.13 A*). Dabei sind Positionierungenauigkeiten zwischen der Karosserie und dem Heckend unvermeidlich. Vor allem wirken sich bei so großen Schweißteilen, wie sie die Karosserie darstellt, Fertigungstoleranzen ungünstig auf die exakte Anordnung der Fügeflächen aus. Die größten Abweichungen sind im Bereich der Seitenteile zu erwarten, sodaß die Fügehilfsflächen auf beiden Seiten sowohl Verschiebungen der Seitenteile nach innen als auch nach außen auszugleichen haben, damit ein glattflächiger Übergang zwischen den Karosserieseitenteilen und den Heckleuchtenkombinationen gewährleistet ist. Die Korrekturbewegung muß durch die elastische Verformung der in diesem Zustand noch nachgiebigen Seitenteile erfolgen. Um seitliche Abweichungen der Fügeflächen nach innen und außen zu korrigieren, wurden die Fügehilfsflächen als einander zentrierende Innen- und Außenformen ausgebildet (*Bild 6.13 B*). Zwischen beiden Flächen ist ein gewisses Spiel erforderlich, dessen Größe sich nach den Fertigungstoleranzen des Tiefziehverfahrens richtet. Während der Fügebewegung findet zwischen den Flächen ein Kontakt entweder auf der Innen- oder

Außenseite statt. Damit am Ende des Fügevorgangs eine eindeutige Anordnung der Fügepartner gewährleistet ist, wurden die Verbindungswirkflächen und die Schraub- bzw. Nietrichtung in einem Winkel von 45° zur Fügerichtung angeordnet, sodaß nach der Fertigstellung der Schrauben- oder Nietverbindung die Anordnung der Fügeflächen sowohl in Längs- als auch in Seitenrichtung eindeutig bestimmt ist.

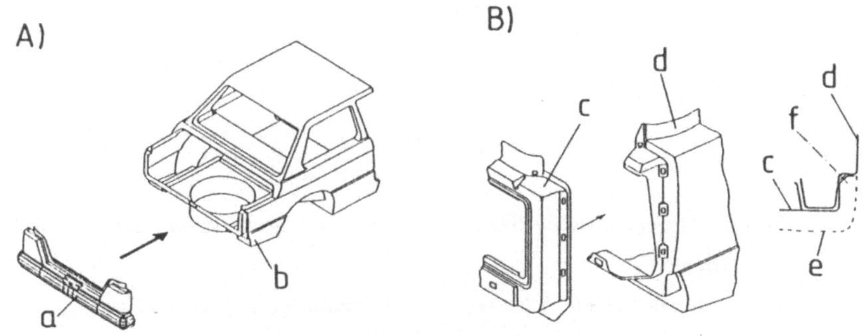

Bild 6.13: Fügen des Heckends an die Karosserie
A) Einbauweg, B) Gestaltung der Fügeflächen
a Heckend, b Karosserie, c Heckend-Basisteil, d Karosserie-Seitenteil, e Heckleuchtenaußenkontur, f Schraubrichtung

Einen horizontalen Schnitt durch einen seitlichen Verbindungsbereich zeigt *Bild 6.14*. Das Heckend wird in diesem Fall mit der Karosserie verschraubt. Maßgeblich für den späteren Qualitätseindruck ist der Übergang zwischen dem Karosserieseitenteil und der Heckleuchtenkombination. Deshalb wurde das Heckend so mit der Karosserie verbunden, daß sich die Heckleuchte während des Schraubvorgangs zum Karosserieseitenteil ausrichtet. Heckleuchte, Basisteil des Heckends und Karosserieseitenteil bestimmen sich über Flächen, die nur durch die Blechstärke mit dementsprechend geringen Maßtoleranzen voneinander getrennt sind. Da sich das Muttergewinde im Heckleuchtenaußenteil befindet, werden alle Teile durch den die Verbindungsherstellung abschließenden Schraubvorgang in eine eindeutige Anordnung gebracht.

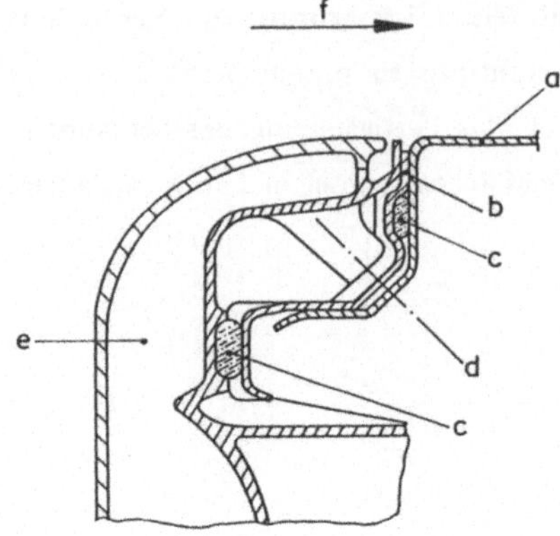

Bild 6.14: Geometrische Bestimmung der Heckleuchte zum Karosserieseitenteil
a Karosserieseitenteil, b Basisteil der Vormontagebaugruppe "Heckend", c Dichtung, d Schraubrichtung, e Heckleuchte, f Fahrtrichtung des Pkw

7. Ausblick auf das künftige Vorgehen zur Entwicklung automatischer Montageprozesse

In der vorliegenden Arbeit wurde eine Reihe beispielhafter Lösungen der Montageprozeß- und Produktgestaltung beschrieben, die im Rahmen von Industrieprojekten erarbeitet wurden. Diese Lösungsbeispiele zeigen, daß es sich bei einem Montageprozeß in der Tat um ein komplexes Gestaltungsobjekt für sich handelt, das sowohl durch prozeßbezogene Maßnahmen als auch durch produktgestalterische Maßnahmen vor allem aber durch die Abstimmung beider im Sinne einer Optimierung beeinflußt werden kann. Die vorgestellten Prozeßlösungen demonstrieren im konkreten Bereich der konstruktiven Gestaltung (vgl. [31]) ein hohes Maß an Individualität, von der ein wesentlicher Teil des Optimierungsergebnisses abhängt. Die Gestaltungsmaßnahmen am Produkt, auf die der Optimierungserfolg zurückzuführen ist, berühren die Konstruktion eines Produkts vielfach in einer Weise, die es unmöglich macht, sie durch nachträgliche Konstruktionsänderungen an einem bestehenden Produkt herbeizuführen (wesentliche Maße, Produktstruktur u.ä.). Es ist aber durchaus möglich, die notwendigen Voraussetzungen während der Produktkonstruktion zu schaffen, was die Kenntnis des zu realisierenden Montageprozesses voraussetzt. Diese Erkenntnisse bestätigen damit die eingangs dieser Arbeit aufgestellte Hypothese, daß ein gemeinsames Optimum von Produkt- und Montageprozeßgestaltung kaum erzielbar ist, wenn in der Produktentwicklung zwar detaillierte Sammlungen von Produktgestaltungsregeln und von Bewertungskriterien zur Konstruktionsbeurteilung Anwendung finden, aber nicht zugleich der Montageprozeß mitgestaltet wird.

Automatische Montageprozesse müssen also künftig bereits während der Produktkonstruktion und in enger Abstimmung mit dieser entwickelt werden. Die Bedeutung des Montageprozesses für den wirtschaftlichen Erfolg eines Produkts sowie sein Umfang und seine Komplexität machen es unumgänglich, im Montageprozß ein eigenständiges Gestaltungsobjekt zu sehen, das systematisch durch gezielte Gestaltung aller ihn bewirkenden Komponenten zu entwickeln ist. Die Problemstellung des Montageprozesses unterscheidet sich von den Problemstellungen in der Produktentwicklung und in der Prozeßentwicklung für die Teilefertigung im wesentlichen dadurch, daß sie die Problemarten beider vereint. So ist die Entwicklung und Festlegung von Montageverfahren und -Geräten eine typische fertigungstechnische Aufgabe. Die individuelle Prozeßgestaltung durch konstruktive Auslegung des Produkts und der individuellen Anlagenkomponenten hat dagegen eher konstruktiven Charakter.

Die aufgrund der Problemkombination neue und, wie gezeigt wurde, sehr komplexe Problemstellung verlangt eigene Problemlösungsmethoden. Zu diesem Zweck wurde der Montageprozeß unter Einschluß aller beeinflußbaren Wirkungskomponenten in einen systematischen Gesamtzusammenhang gebracht. Die Grundlage der Montageprozeßsystematik, die den Zusammenhang zwischen Produkt und Montageprozeß herstellt, bildet ein allgemeingültiges Prozeßmodell, das den logischen Zusammenhang einer beliebigen Montageaufgabe auf drei Grundfunktionen reduziert und diesen eine begrenzten Anzahl physikalischer Effekte und Konstruktionsprinzipien zuordnet. Mit Hilfe dieses Instrumentariums lassen sich Montageprozesse auf der konkreten Ebene der Produkt- und Prozeßgestaltung systematisieren. Da die vielfältigen Ausprägungsformen von Montageverfahren auf einfache Wirkungszusammenhänge zurückgeführt werden können, wurden die Voraussetzungen zur systematischen Synthese neuer Montageprozesse einschließlich der darauf abgestimmten Produktgestaltung geschaffen.

Die erarbeiteten Mittel reichen bestimmt in vielen Fällen aus, um nahezu optimale Montageprozesse zu erzielen, vorausgesetzt, die Komplexität des Gesamtprozesses ist nicht zu hoch. Die Komplexität eines Gesamtprozesses übersteigt aber relativ schnell ein überschaubares Maß. Auch zur automatischen Montage einer noch nicht allzu umfangreichen Baugruppe sind eine Vielzahl von Teilprozessen nötig, die sich in komplexer Weise gegenseitig beeinflussen. Die Optimierung solcher Gesamtprozesse ist nicht möglich, ohne die Montage zu simulieren. Durch Variation von Einflußgrößen aufgrund von Simulationsergebnissen wird in einem iterativen Vorgehen ein Optimum angenähert. Selbstverständlich ist das Wissen der Prozeßzusammenhänge Voraussetzung zum Erkennen und gezielten Verändern maßgeblicher Einflußgrößen. Um aber Rechnersimulationen durchführen zu können, müssen geeignete Hard- und Softwarewerkzeuge zur Verfügung stehen [114]. Werkzeuge zur realitätsnahen Simulation von Montageabläufen in Montagezellen stellen graphische Robotersimulationssysteme dar, die sich in der Entwicklung befinden, aber schon einen sehr hohen Stand erreicht haben [115]. Sie erlauben es, alternative Montageprozesse zu simulieren, die aus der Veränderung von Montagegeräten, des Montagezellen-Layouts und der Produktkonstruktion resultieren. Wie mit Hilfe von CAD-Systemen Produktvarianten durch Kombination verschiedener Teillösungen gebildet werden, wurde demonstriert. Die Möglichkeit der Einbauuntersuchung mit Hilfe volumenorientierter 3D-CAD-Systeme wurde ebenfalls angesprochen. Zur Montage umfangreicher Baugruppen und Produkte müssen mehrere Montagezellen miteinander verkettet werden. Die Struktur solcher Montageanlagen steht in engem Zusammenhang mit der Baugruppenstruktur, die damit wesentlichen Einfluß auf die Wirtschaftlichkeit der Anlage hat. Um das kapazitive und zeitliche Verhalten solch verketteter Anlagen zu simulieren, sind spezielle Rechnermodelle und Programmsysteme erforderlich, die sich derzeit in der Entwicklung befinden [116].

Zukünftig werden mehr und mehr Montageprozessse zu automatisieren sein, die bislang aufgrund mangelnden Prozeßverständnisses und fehlender Entwicklungswerkzeuge als nicht automatisierbar galten, so die Montage nicht formstabiler Bauteile [117]. Da ein derartiges Bauteilverhalten, wie z.B. bei Gummidichtprofilen, meist funktionsbedingt ist, wird die Substitution nichtformstabiler durch formstabile Bauteile nur selten möglich sein. An die Montageprozeßentwicklung werden in diesen Fällen völlig neue Anforderungen gestellt. Ansätze, wie durch den Rechnereinsatz und FE-Methoden Fügeprozeß und Bauteilgestalt optimiert werden können, sind bereits erkennbar [118]. Automatische Montageprozesse müssen wesentlich detaillierter geplant werden als manuelle Montageprozesse. Die Investitionskosten automatischer Montageanlagen betragen in der Regel ein vielfaches von manuellen. Das sind die Gründe, weshalb künftig eine erheblich höhere Planungsproduktivität bei hohen Anforderungen an die Planungsqualität gefordert ist [118]. Nur durch die Entwicklung einer Vielzahl weiterer rechnerunterstützter Verfahren wird man diesen Ansprüchen gerecht werden können. Dazu müssen aber die systematischen Untersuchungen von Montageprozessen in der Theorie und im Experiment weiter vorangetrieben werden.

Methoden und Werkzeuge (in Form von Programmsystemen) sind nur ein Teil der Problemlösung - wenn auch ein wesentlicher - zur Erzielung einer optimalen Produkt- und Montageprozeßgestaltung. Denn die gewonnen Erkenntnisse sind nur dann umsetzbar, Hard- und Software-Werkzeuge nur dann nutzbringend anwendbar, wenn im Betrieb die organisatorischen Voraussetzungen dafür bestehen. Eine betriebliche Aufbau- und Ablauforganisation, welche die Konstruktion und die Montageplanung zeitlich und verantwortungsmäßig voneinander trennt, bildet mit Sicherheit nicht die Voraussetzung, um Montageprozesse durch Produkt- und Prozeßgestaltungsmaßnahmen zu optimieren. Die Tatsache, daß historisch gewachsene betriebliche Organisationsstrukturen von ganz wesentlichen Änderungen berührt werden, ist für sich schon ein Grund diesem Themenbereich erhebliche Aufmerksamkeit zu widmen. Dazu kommt aber noch, daß die Notwendigkeit einer Vorgehensweise mit zeitlich wechselnden Kompetenzbereichen erkennbar wird, die völlig neue dynamische Organisationsstrukturen verlangt, die von herkömmlichen starren erheblich abweichen.

Neue Formen der Betriebsorganisation müssen im Zusammenhang mit der Entwicklung von Methoden, Hard- und Softwarewerkzeugen einen eigenen Forschungsschwerpunkt bilden. Die Organisation der Auftragsabwicklung hat künftig die Koordination einer Vielzahl fachlich verschiedener, jedoch voneinander abhängender Einzelaufgaben, so zu regeln, daß eine reibungslose zeitlich parallele Bearbeitung möglich ist. Zur Festlegung eines Organisationsschemas muß der allen Aufgaben gemeinsame Verfahrensanteil "herausdestilliert" werden, was im Zusammenhang mit der weiteren Verfahrensentwicklung zu geschehen hat. Ein sich entwickelndes Grundverfahren ist nach Verfahrensschritten, Entscheidungsabhängigkeiten und Kompetenzbereichen zu untersuchen. Verfahrensschritte und Entscheidungsbeziehungen legen den Verfahrensablauf fest. Aufgrund der Zuordnung von Einzelaufgaben zu Kompetenzbereichen wird die Verantwortung für Entscheidungen geregelt. Daraus kann eine künftige Aufbauorganisation abgeleitet werden. Einzelaufgaben verschiedener Entscheidungsbereiche sollten möglichst klar voneinander zu trennen sein, sodaß sich für die unterschiedlichen Verantwortungsbereiche eindeutige Ziele definieren lassen und die Zuordnung der Ergebnisse möglich wird. Dies ist wohl eines der schwierigsten Probleme, die es angesichts der engen

Aufgabenverflechtungen zu lösen gibt. Aber die Möglichkeit zur Identifikation mit Zielen und der Bewertung von Ergebnissen ist eine der wesentlichesten Voraussetzungen zur Motivation von Mitarbeitern und damit Voraussetzung des wirtschaftlichen Erfolgs automatischer Montageprozeßlösungen in der Zukunft.

8. Zusammenfassung

Die Möglichkeit, Montageprozesse wirtschaftlich zu automatisieren, wird wesentlich durch die Produktkonstruktion bestimmt. Diese Erkenntnis besteht bereits seit mehr als 25 Jahren. In dieser Zeit hat es nicht an Bemühungen gefehlt, Verfahren und Regeln zu entwickeln, deren Awendung in der Konstruktion zu montagegerechten Produkten führen sollten. Die nach wie vor bestehende Aktualität dieser Problematik, die sogar im Zusammenhang mit der Einführung von Industrierobotern in die Montage noch stark an Bedeutung gewonnen hat, zeigt, daß die Fülle von Regeln und Gestaltungsbeispielen, die dabei entwickelt wurden, für die Konstruktion nur schwer in montagegerechte Produkte umsetzbar war. Als ein Grund für den geringen Erfolg bei der Umsetzung des montagegerechten Konstruierens wurde das Problem der Informationsverwaltung und -bereitstellung in der Konstruktion erkannt, was zu Bemühungen geführt hat, interaktive Programmsysteme zur gezielten Informationsbereitstellung und Konstruktionsbewertung zu entwickeln.

Montagegerechtes Konstruieren kann aber, selbst wenn es gelingt, das Informationsproblem zu bewältigen, nur in begrenztem Umfang unter Anwendung von Gestaltungsrichtlinien erfolgreich sein, da diese immer nur bereits bekannte Montageprozesse berücksichtigen können, jedes neue Produkt aber notwendigerweise zumindest in Teilbereichen völlig neue Montageprozeßelemente erfordert. Ein weiteres Problem, besteht darin, daß Gestaltungsregeln aufgrund mangelnder Eindeutigkeit kaum verallgemeinerbar sind und es deshalb nicht möglich ist, Richtlinienwerke oder Programmsysteme in der Konstruktion als "Black Box" anzuwenden.

Der Ansatz, von dem die vorliegende Arbeit ausgeht, sieht das Hauptproblem in der Informationsreduzierung, um Produkte auch für völlig neue, bisher nicht bekannte Montageprozesse optimal gestalten zu können. Den Ausgangspunkt der Überlegungen bildet eine Problemabgrenzung und eine Problemstrukturierung. Sollen einem Produkt gezielt Montageeigenschaften verliehen werden, darf das Produkt nicht als isoliertes Konstruktionsobjekt betrachtet werden. Die Grenzen des Konstruktionsobjekts müssen vielmehr auf den Montageprozeß und die Montageanlage ausgedehnt werden. Das Gesamtproblem, das man damit erhält, ist zur Reduzierung der Komplexität wieder in geeignete Teilprobleme aufzulösen. Eine Reihe von Teilproblemen, die relativ unabhängig von anderen lösbar sind, ist im Grenzbereich zwischen Produkt und Montageanlage angesiedelt. Vorgehensweisen und Maßnahmen zur Optimierung von Montageprozessen durch gezielte Gestaltung dieses Schnittstellenbereiches zwischen Produkt und Montageanlage bilden den Schwerpunkt der Arbeit.

Aus einem allgemeingültigen analytischen Montageprozeßmodell werden drei Grundfunktionen abgeleitet, die sich den Bereichen Signal-, Stoff- und Energieumsatz zuordnen lassen: Bestimmen der geometrischen Anordnung von Montageobjekten, Verändern der geometrischen Anordnung von Montageobjekten und Erzeugen von Haltekräften in Verbindungen. Zur Umsetzung dieser Grundfunktionen läßt sich eine begrenzte Menge phsikalischer Effekte und Konstruktionsprinzipien finden. Mit diesem Instrumentarium kann die unübersehbare Vielfalt möglicher Prozeßrealisierungen auf wenige gleichartige Wirkungszusammenhänge reduziert werden, was die Suche nach konstruktiven Lösungen zur gezielten Beeinflussung von Montageprozessen wesentlich erleichtert.

Da die Arbeit in erster Linie die Montage mit Industrierobotern berücksichtigt, werden die Komponenten und die Struktur entsprechender Montagesysteme kurz angesprochen. Die zentrale Handhabungseinrichtung stellt in einer Montagezelle der Industrieroboter dar, der als Standardkomponente typabhängige Schnittstelleneigenschaften aufweist. Diese gilt es bei der Auslegung von Teilebereitstellprozessen zu berücksichtigen. Im einzelnen wird auf die magazinierte Teilebereitstellung vor allem unter dem Gesichtspunkt der Wechselwirkung zwischen dem Einzelteil und dem Magazin aber auch im Hinblick auf die Einbindung des Bereitstellprozesses in den Gesamtprozeß eingegangen. Auch eine neuartige Form der Teilebereitstellung, die Magazinierung in Schläuchen, wird angesprochen.

Ausführlich wird die systematische Fügeprozeßgestaltung behandelt. Aus der schwer zu ordnenden Vielfalt von Fügeverfahren, die aus der großen Menge unterschiedlichster Verbindungslösungen resultiert, werden die Verfahren Auflegen/Einlegen, Ineinanderschieben, Federnd Einspreizen und Einpressen zur weiteren Behandlung ausgewählt. Die systematische Betrachtung macht die Aufstellung analytischer Grundprinzipien der Fügebewegung erforderlich, die wenige einfache Zusammenhänge zwischen der Verbindungsgestaltung und der Fügebewegung offenbaren. Auf dieser Grundlage werden die Wirkungszusammenhänge zur Realisierung der Fügebewegung analysiert, die es bei der Auslegung von Fügeprozessen zu beachten gilt. Der Fügeprozeß wird hauptsächlich durch die Fügeflächen, also die Verbindungswirkflächen und die Fügehilfsflächen bestimmt, die entsprechend den kinematischen Fügesystemen zu gestalten sind. Die Anwendung der Auslegungsprinzipien kann an Lösungsbeispielen aus dem Bereich des Feingerätebaus für die Verfahren Auflegen und Ineinanderschieben gezeigt werden.

Für das Verfahren federnd Einspreizen, das zur Herstellung unterschiedlichster Verbindungen dient, wie Schnappverbindungen, Verbindungen mit Sicherungsringen usw., werden wenige Konstruktions- und Verfahrensprinzipien hergeleitet. Die Anwendung dieser Prinzipien wird am Beispiel des Fügens von Sicherungsringen und am Beispiel des Fügens- einer Schraubenfeder demonstriert. Zur Gestaltung von Schnappverbindungen werden Konstruktionsgrundsätze zusammengestellt.

Montageprozesse lassen sich erst dann gezielt auslegen, wenn die anzuwendenden Montageprinzipien festgelegt wurden. Dies sollte so früh wie möglich geschehen, kann aber nicht erfolgen, bevor grundsätzliche Entscheidungen der Produktkonstruktion getroffen wurden. Die sicherlich stark produkt- und spartenabhängige Vorgehensweise kann nicht umfassend und allgemeingültig dargestellt werden, weshalb lediglich Anregungen für mögliche Vorgehensweisen gegeben werden. Zwischen der montageorientierten Produktstruktur und der Funktionsstruktur eines Produkts wird ein Zusammenhang hergeleitet, der die Möglichkeit eröffnet, bereits in einer sehr frühen Konstruktionsphase die Bildung einer montageorientierten Baugruppenstruktur einzuleiten. Die Vorgehensweise der Baugruppenbildung wird am Beispiel einer Pkw-Tür demonstriert. Mit Hilfe eines CAD-Systems wurden für diese Baugruppen Varianten entworfen und zu verschiedenen Gesamtlösungen kombiniert. Mit einem volumenorientierten CAD-System können auch

Einbauuntersuchungen vorgenommen werden, was die optimale Fügeflächengestaltung ermöglicht. Die Verbindungsgestaltung verlangt in einem der ersten Schritte die Festlegung des Kraftflusses, der möglichst so geleitet werden sollte, daß die Fügearbeit, bei kraftschlüssigen Verbindungen im wesentlichen die Fügekraft, minimal ist. Die verschiedenen Varianten der Kraftflußleitung und der Bezug zum Fügeverfahren werden am Beispiel der Schloßkombination einer montagegerecht gestalteten Pkw–Tür erläutert. In diesem Zusammenhang werden auch Probleme des stylistischen Einflusses angeschnitten. Eine auf den Fügeprozeß und die optimale Erfüllung funktionaler und ästhetischer Anforderungen abgestimmte Fügeflächengestaltung wird am Beispiel einer vormontierbaren Heckbaugruppe eines Automobils dargestellt.

Die Einordnung der Arbeit in eine umfassende Vorgehensweise zur Entwicklung automatischer Montageprozesse bildet den Abschluß. Es wird der Bezug zu derzeit laufenden Forschungsarbeiten auf den Gebieten rechnerunterstützter Planungshilfsmittel und Simulationsverfahren hergestellt. Die methodische Durchdringung automatischer Montageprozesse kann in der Praxis nicht in entsprechende Vorgehensweisen umgesetzt werden und rechnerunterstützte Hilfsmittel sind nicht sinnvoll anwendbar, wenn die betrieblichen Organisationsstrukturen nicht den gewandelten Anforderungen gemäß verändert werden.

Literatur

1. *Milberg, J., H. Bürstner:* Montageautomatisierung als Wettbewerbsfaktor. Tagungsband Teil 2: 2. Fertigungswirtschaftliches Kolloquium an der Universität Passau 1986.
2. *Milberg, J., H. Bürstner:* Montageautomatisierung, ein wirksamer Wettbewerbsfaktor. Planung und Produktion 35 (1987) 3, S. 6–15.
3. *Koch, H. C.:* Chancen, Risiken und Grenzen der Automatisierung am Beispiel der Automobilindustrie. Tagungsband: IWB–Kolloquium "Automatische Produktionssysteme", München 1985.
4. *Milberg, J.:* Entwicklungsstufen flexibel automatisierter Produktionssysteme. Tagungsband: IWB–Kolloquium "Automatische Produktionssysteme", München 1985.
5. *Barthelmeß, P.:* Anforderungen an die Verbindungstechnik. Tagungsband: 6. Deutscher Montagekongreß, München 1985.
6. *Andreasen, M. M., S. Kähler, T. Lund:* Montagegerechtes Konstruieren. Springer–Verlag, Berlin, Heidelberg, New York, Tokyo 1985.
7. *Andresen, U.:* Ein Beitrag zum methodischen Konstruieren bei der montagegerechten Gestaltung von Teilen der Großserienfertigung. Diss. TU Braunschweig 1975.
8. *Beitz, W.:* Fertigungs- und montagegerecht. Konstruktion 25 (1973) 12, S. 489–497.
9. *Dilling, H.–J.:* Methodisches Rationalisieren von Fertigungsprozessen am Beispiel montagegerechter Produktgestaltung. Diss. TH Darmstadt 1978.
10. *Dilling, H.–J.:* Die Bedeutung der Produktgestaltung für eine rationelle und automatisierte Montage. Tagungsband: Planung und Einsatz von Automatisierungseinrichtungen, VDI–Ges. Produktionstechnik (ADB), Düsseldorf 1985.
11. *Ehrlenspiel, K.:* Integration von Konstruktion und Arbeitsvorbereitung durch CAD. Tagungsband: IWB–Kolloquium "Automatische Produktionssysteme", München 1985.
12. *Eversheim, W., U. Ungeheuer, I. Kosmas:* Montagegerechtes Konstruieren im Maschinenbau. VDI–Berichte Nr. 592, Düsseldorf 1986.
13. *Fischer, A., R. Weißner:* Erfolgreiche Zusammenarbeit von Fertigungsplanung und Konstruktion im Automobilbau. VDI–Berichte Nr. 592, Düsseldorf 1986.
14. *Gairola, A.:* Montagegerechtes Konstruieren – Ein Beitrag zur Konstruktionsmethodik. Diss. TH. Darmstadt 1981.
15. *Schraft, R.–D., R. Bäßler:* Möglichkeiten zur Umsetzung des montagegerechten Konstruierens. VDI–Berichte Nr. 592, Düsseldorf 1986.
16. *Steudel, M.:* Konstruktionsberatung bei der Produktentwicklung – Zeitpunkt und Umfang. Schweizer Maschinenbau, 81 (1981) 19, S. 52–55.
17. *Stupp, H.:* Montagegerechtes Konstruieren am Beispiel einer PKW–Tür. VDI–Berichte Nr. 592, Düsseldorf 1986.
18. *Warnecke, H.–J., R. Bäßler, M. Richter:* Entwicklungstendenzen und Auswirkungen beim montagegerechten Konstruieren. VDI–Berichte Nr. 592, Düsseldorf 1986.
19. *Witte, K.–W.:* Montagerechte Produktgestaltung als Aufgabe von Konstruktion und Fertigungsvorbereitung. VDI–Berichte Nr. 592, Düsseldorf 1986.

20. *Esken, R. L.:* Konstruieren für die automatische Montage. technica 9 (1960) 24, S. 1487–1491.
21. *Dolezalek, C. M.:* Die Automatisierung beginnt bei der Erzeugnis-Konstruktion. Werkstattstechnik 54 (1964) 10, S. 477–480.
22. *Bretschneider, W., B. Wille:* Prinzipien der montageautomatisierungsgerechten Konstruktion. Der Maschinenbau 15 (1966) 5, S. 222–225.
23. *Thurm, M., B. Wille:* Montage–Automatisierungstoleranzen. Der Maschinenbau 15 (1966) 9, S. 411–415.
24. *Schilling, W.:* Montagegerechtes Konstruieren. Fertigungstechnik und Betrieb 18 (1968) 12, S. 731–740.
25. *Richter, E., W. Schilling, M. Weise (Hrsg.):* Montage im Maschinenbau. VEB Verlag Technik, Berlin 1974.
26. *Richter, E., W. Schilling, M. Weise (Hrsg.):* Tabellenbuch Montage. VEB Verlag Technik, Berlin 1984.
27. *Brankamp, K.:* Vom Abteilungsdenken zur Funktionsbetrachtung – Rationalisierungsmöglichkeiten durch Verlagerung von Aufgaben. Teil 1: Verlagerung von Aufgaben zwischen den Abteilungen. VDI–Z 111 (1969) 10, S. 635–640.
28. *Arlt, J., M. Miese:* Rationalisierung der Montage. Industrieanzeiger 93 (1971) 67, S. 1703–1709.
29. *Schilling, W.:* Montagetechnologisch orientierte Klassifizierung von Baugruppen. Fertigungstechnik und Betrieb 23 (1973) 12, S. 746–752.
30. *Pahl, G.:* Grundregeln für die Gestaltung von Maschinen und Apparaten. Konstruktion 25 (1973) 7, S. 271–277.
31. *Pahl, G., W. Beitz:* Konstruktionslehre. Springer–Verlag, Berlin, Heidelberg, New York 1977.
32. *Koller, R.:* Konstruktionslehre für den Maschinenbau. 2. Aufl., Springer–Verlag, Berlin, Heidelberg, New York, Tokyo 1985.
33. *Ehrlenspiel, K.:* Kostengünstig Konstruieren. Springer–Verlag, Berlin, Heidelberg, New York, Tokyo 1985.
34. *Mehnert, F.:* Konstruktionshilfen für das montagegerechte Konstruieren im Konstruktionsprozeß. Diss. TU Dresden 1978.
35. *Boothroyd, G., P. Dewhurst:* Design for Assembly Handbook. Salford University Industrial Centre Ltd, Amherst, Mass. 1983.
36. *Boothroyd, G., P. Dewhurst:* Design for Assembly: Selecting the right method. Machine Design 55 (1983) 25, S. 94–98.
37. *Dewhurst, P., G. Boothroyd:* Design for Assembly: Automatic Assembly. Machine Design 56 (1984) 2, S. 87–92.
38. *Boothroyd, G., P. Dewhurst:* Design for Assembly: Manual Assembly. Machine Design 55 (1983) 28, S. 140–145.
39. *Schraft, R.-D., R. Bäßler:* Die montagegerechte Produktgestaltung muß durch systematische Vorgehensweisen umgesetzt werden. VDI–Z 126 (1984) 22, S. 843–849.
40. *Schraft, R.-D., R. Bäßler:* Montagegerechte Produktgestaltung. Industrieanzeiger 107 (1985) 31, S. 24–28.
41. *Schraft, R.-D., R. Bäßler:* Possibilities to realize assembly oriented product design. Assembly Automation, proc. of the 5th int. IFF conf., Paris 1984.
42. *Roth, K.:* Einheitliche Systematik der Verbindungen. VDI–Berichte Nr. 493, Düsseldorf 1983.

43. *Ehrlenspiel, K.:* Wahl der kostengünstigsten Verbindung. VDI-Berichte Nr. 493, Düsseldorf 1983.
44. *Ungeheuer, U.:* Produkt- und Montagestrukturierung. VDI-Verlag, Düsseldorf 1985.
45. *Eversheim, W., U. Ungeheuer, K. H. Pfeffekoven:* Montageorientierte Erzeugnisstrukturierung in der Einzel- und Kleinserienproduktion - ein Gegensatz zur funktionsorientierten Erzeugnisgliederung? VDI-Z 125 (1983) 12, S. 475-479.
46. *Ungeheuer, U., M. Kalde:* Montagegerechte Produktgestaltung. Industrieanzeiger 105 (1983) 92, S. 14-17.
47. *Eversheim, W., R.-D. Hoeschen, W. Müller:* Handhabungsgerechte Konstruktion. Industrieanzeiger 101 (1979) 12, S. 19-21.
48. *Eversheim, W., W. Müller:* Automatisierung in der Montage - Handhabungsgerechte Auslegung der Produkte. Industrieanzeiger 104 (1984) 11, S. 68-73.
49. *Eversheim, W., W. Müller:* Montagegerechte Konstruktion. Assembly Automatiom, proc. of the 3rd int. IFS conf., Böblingen 1982.
50. *Eversheim, W., W. Müller:* Beurteilung von Werkstücken hinsichtlich ihrer Eignung für die automatisierte Montage. VDI-Z 125 (1983) 9, S. 319-322.
51. *Koerth, D., U. Ungeheuer, I. Kosmas:* Komplexe Produkte montagegerecht gestalten. tz für praktische Metallbearbeitung 80 (1986) 1, S. 10-13.
52. *Lotter, B.:* Wirtschaftliche Montage - ein Handbuch für Elektrogerätebau und Feinwerktechnik. VDI-Verlag, Düsseldorf 1986.
53. *Lotter, B.:* Montageerweiterte ABC-Analyse - ein Hilfsmittel zur montagegerechten Produktgestaltung. Tagungsband: 5. Deutscher Montagekongreß, München 1983.
54. *Hoenow, G.:* Montagegerechtes Konstruieren für das Montieren mit Industrierobotern im Maschinenbau. agrartechnik, Berlin 35 (1985) 4, S. 168-170.
55. *Hoenow, G.:* Montagegerechtes Konstruieren für eine flexible Industrieroboter-Montagezelle. Tagungsband: 28. Intern. Wiss. Koll., TH Ilmenau 1983.
56. *Hoenow, G.:* Roboter-montagegerechtes Konstruieren. Maschinenbautechnik 30 (1981) 5, S. 202-207.
57. *Hoenow, G.:* Roboter - Montagegerechtes Konstruieren. Maschinenbautechnik, Berlin 33 (1984) 4, S. 150-152.
58. *Hesse, S.:* Prinzipien automatisierungsgerechter Werkstückgestaltung. Fertigungstechnik und Betrieb 29 (1979) 3, S. 172-176.
59. *Wick, Ch.:* Designing Parts for Automatic Assembly. Manufacturing Engineering (1980) July, S. 46-50.
60. *Milberg, J.:* Montagegerechte Konstruktion einer Pkw-Tür und ihre Montage. Tagungsband: 5. Deutscher Montagekongreß, München 1983.
61. *Barthelmeß, P.:* Montagegerechte Verbindungstechnik. VDI-Berichte Nr. 592, Düsseldorf 1986.
62. *Andreasen, M. M., S. Kähler, T. Lund:* Design for assembly an integrated approach. Assembly Automation 2 (1982) 3, S. 141-145.
63. *Haeusler, J., H. Jung:* Ermittlung handhabungsgerechter Konstruktionen für das manuelle und mechanisierte Zuführen von Schraubenfedern. VDI-Berichte Nr 323, Düsseldorf 1978.

64. *Lund, T., S. Kähler:* Design for Assembly. Assembly Automation, proc. of the 4th int. IFS conf., Tokyo 1983.
65. *Roth, K.:* Konstruieren mit Konstruktionskatolgen. Springer-Verlag, Berlin, Heidelberg, New York 1982.
66. *Ropohl, G.:* Eine Systemtheorie der Technik. Carl Hanser Verlag, München, Wien 1979.
67. *Hubka, V.:* Theorie Technischer Systeme. 2. Aufl., Springer-Verlag, Berlin, Heidelberg, New York, Tokyo 1984.
68. *Rodenacker, W. G.:* Methodisches Konstruieren. 3. Aufl., Springer-Verlag, Berlin, Heidelberg, New York, Tokyo 1984.
69. *Milberg, J., P. Barthelmeß:* Automatisieren von Fügeverfahren in der Montage. Industrieanzeiger 107 (1985) 28/29, S. 95-98.
70. *Karstedt, K.:* Sensorsysteme für die Montage bestimmen die räumliche Anordnung von Werkstücken. Industrieanzeiger 109 (1987) 34, S. 34-35.
71. *Koller, R.:* Entwicklung einer Systematik für Verbindungen - ein Beitrag zur Konstruktionsmethodik. Konstruktion 36 (1984) 5, S. 173-180.
72. *Ersoy, M.:* Wirkfläche und Wirkraum, Ausgangselemente zum Ermitteln der Gestalt beim rechnergestützten Konstruieren. Diss. TU Braunschweig 1975.
73. *Scholz, R.:* Rationalisierung der Produktion durch kostengünstige Fügeverfahren. ZwF 78 (1983) 3, S. 130-133.
74. *Warnecke, H. J., R. D. Schraft:* Industrieroboter. Krausskopf-Verlag, Mainz 1978.
75. *Spur, G., B. H. Auer, H. Sinning:* Industrieroboter. Carl Hanser Verlag, München, Wien 1979.
76. *Raab, H. H.:* Handbuch Industrieroboter. Vieweg, Braunschweig 1981.
77. *Volmer, J. (Hrsg.):* Industrieroboter-Entwicklung. Hüthig Verlag, Heidelberg 1984.
78. *Reitzle, W.:* Industrieroboter. CW-Publikationen, München 1984.
79. *Warnecke, H.-J., R. D. Schraft:* Handbuch Handhabungs-, Montage- und Industrierobotertechnik. Losebl.-Ausg., Verlag moderne industrie, Landsberg 1984.
80. *Desoyer, K., P. Kopacek, I. Troch:* Industrieroboter und Handhabungsgeräte. R. Oldenburg Verlag, München, Wien 1985.
81. *Milberg, J., Ch. Maier, H. Diess:* Flexible Montageautomatisierung im Fahrzeugbau. ZwF 81 (1986) 4, S. 185-189.
82. *Pherson, D., G. Boothroyd, P. Dewhurst:* Programmable feeder for nonrotational parts. In Programmable Assembly (Hrsg.: Heginbotham, W. B.), Springer-Verlag, Berlin, Heidelberg, New York, Tokyo 1984.
83. *Suzuki, T., M. Kohno:* The flexible parts feeder which helps a robot assemble automatically. In Programmable Assembly (*Hrsg.: Heginbotham, W. B.*), Springer-Verlag, Berlin, Heidelberg, New York, Tokyo 1984.
84. *Ahrens, H.:* Grundlagenuntersuchungen zur Werkstückzuführung mit Vibrationswendelförderern und Kriterien zur Geräteauslegung. VDI-Verlag, Düsseldorf 1983.
85. *Ziersch, W.-D.:* Strategien zur Leistungssteigerung von automatischen Montageanlagen durch zuverlässige Zuführsysteme, VDI-Verlag, Düsseldorf 1985.

86. *Hilgenböcker, H.:* Methodische Entwicklung von Zuführsystemen. VDI-Verlag, Düsseldorf 1985.
87. *Krükel, A.:* Werkstückzuführsysteme für Montageautomaten. Tagungsband: Praxis der Montageautomatisierung, VDI-Ges. Produktionstechnik (ADB), Düsseldorf 1984.
88. *Graf, B.:* Flexibilität und Kapazität von Werkstückspeichersystemen. Springer-Verlag, Berlin, Heidelberg, New York, Tokyo 1984.
89. *Füglein, E.:* Konzeption und Entwicklung eines flexiblen Handhabungssystems auf der Basis eines flexiblen Werkstückträgers. Diss. RWTH Aachen 1978.
90. *Milberg, J., K. Riese:* Automatische Montage von Klipsen durch Industrieroboter. Flexible Automation 4 (1986) 5, S. 28–30.
91. *Riese, K.:* Automatische Montage von Klipsen mittels Industrieroboter. Industrieanzeiger 108 (1986) 47, S. 32–33.
92. *Gießner, F.:* Gesetzmäßigkeiten und Konstruktionskataloge fester Verbindungen. Diss. TU Braunschweig 1975.
93. *Maier, Ch.:* Montageautomatisierung am Beispiel des Schraubens mit Industrierobotern. Springer-Verlag, Berlin, Heidelberg, New York, Tokyo 1986.
94. *Weule, H.:* Schrauben in der automatisierten Montage. VDI-Berichte Nr. 479, Düsseldorf 1983.
95. *Fricke, H.:* Erfahrungen aus der Automatisierung von Schraubvorgängen. Tagungsband 6. Deutscher Montagekongreß, München 1985.
96. *Schupp, G.:* Montageautomatisierung in der Fahrzeugindustrie mit Industrierobotern – Grenzen und zukünftige Einsatzmöglichkeiten. ZwF 77 (1982) 11, S. 509–513.
97. *Wlasak, H.:* Montage von Hauptlagerdeckeln an Kurbelgehäusen. Werkstatt und Betrieb 115 (1982) 3, S. 169–172.
98. *Wehmann, H.:* Nieten mit halb- und vollautomatischen Anlagen. Verbindungstechnik 10 (1978) 12, S. 27–29.
99. *Whitney, D. E., J. L. Nevins:* What is the Remote Center Compliance (RCC) and what can it do? Proc. of the 9th ISIR, Washington DC 1979.
100. *Nevins J. L., D. E. Whitney:* Computer-controlled Assembly. Scientific American 238 (1978) 2, S. 62–74.
101. *Herfter, D., P. Jacobi, J. Schönherr:* Berechnung und Anwendung von ungesteuerten Fügemechanismen mit Elastomeren. Tagungsband: Handhabetechnik-Industrieroboter, Karl-Marx-Stadt 1983.
102. *Spur, G., G. Seliger, I. Furgac, T. V. Diep:* Sensorunterstütztes Montagesystem. Robotersysteme 2 (1986) 1, S. 3–8.
103. *Gentzen, G., F. Hähle, D. Jank, J. Volmer:* Industrieroboter-Montagekopf für automatisierte Baugruppenmontage. Maschinenbautechnik 31 (1982) 10, S. 438–442.
104. *Jacobi, P., J. Volmer:* Fügemechanismen für die automatisierte Montage mit Industrierobotern. Maschinenbautechnik 31 (1982) 10, S. 451–456.
105. *N. N.:* Fertigungssysteme IBM 7535, IBM 7540, IBM 7545. Firmenschrift, IBM Deutschland GmbH, Frankfurt 1984.
106. *Warnecke, H.-J., H.-G. Löhr, W. Kiener:* Montagetechnik – Schwerpunkt der Rationalisierung. Krausskopf-Verlag, Mainz 1975.
107. *Millheiser, M.:* Use of retaining rings to reduce assembly costs. Machinery and production engineering 117 (1970) 3032, S. 1021–1026.

108. *Hildebrand, S.:* Feinmechanische Bauelemente. 3. Aufl., Carl Hanser Verlag, München, Wien 1978.
109. *Hübner, R.:* Montage von axialmontierbaren Seegerringen. Werkstatt und Betrieb 103 (1970) 5, S. 341–347.
110. *Koller, R., H. J. Lauschner:* Methodisches Konstruieren mit Kunststoffen (Teil II). Konstruktion 28 (1976) 7, S. 259–266.
111. *Delpy, U.:* Zylindrische Schnappverbindungen aus Kunststoff – Berechnungsgrundlagen und Versuchsergebnisse. Konstruktion 30 (1978) 5, S. 179–184.
112. *Schmidt, H.:* Werkstoffkenndaten als Voraussetzung für Schnapp-, Preß- und Schraubverbindungen. In: Fügen von Kunststoff-Formteilen. VDI-Verlag, Düsseldorf 1977.
113. *Bals, J.:* Konstruktive Auslegung von Preß- und Schnappverbindungen. In: Fügen von Kunststoff-Formteilen. VDI-Verlag, Düsseldorf 1977.
114. *Milberg, J., H. Diess:* Rechnerunterstützte Planung von automatischen Montageanlagen. VDI-Z 128 (1986) 11, S. 443–448.
115. *Milberg, J., P.Wrba:* Roboter-Einsatzplanung und Offline-Programmierung mit USIS. ZwF 81 (1986) 9, S. 484–488.
116. *Heusler, H.-J.:* Simulationsverfahren zur Planung und Steuerung von Systemen mit autonom mobilen Robotern. Tagungsband: Autonome Mobile Roboter, Karlsruhe 1986.
117. *Milberg, J., H. Diess:* The Automated Assembly of Dimensionally Instable Parts. In: Annals of the CIRP Vol. 35/1, Haifa 1986.
118. *Milberg, J., H. Diess:* Optimierung der Montagetechnik durch rechnerunterstützte Planungssysteme. Tagungsband: PTK 86 "CIM – Die informationstechnische Herausforderung", Berlin 1986.

DIN-Normen

DIN 471	(9.81)	Sicherungsringe (Halteringe) für Wellen; Regelausführung und schwere Ausführung.
DIN 472	(9.81)	Sicherungsringe (Halteringe) für Bohrungen; Regelausführung und schwere Ausführung.
DIN 5254	(7.65)	Zangen für Sicherungsringe für Wellen.
DIN 5256	(7.65)	Zangen für Sicherungsringe für Bohrungen.
DIN 6799	(9.81)	Sicherungsscheiben (Haltescheiben) für Wellen.
DIN 7993	(4.70)	Runddraht-Sprengringe und Sprengringnuten für Wellen und Bohrungen.
DIN 8593 T0	(9.85)	Fertigungsverfahren Fügen; Einordnung, Unterteilung, Begriffe.
DIN 8593 T1	(9.85)	Fertigungsverfahren Fügen; Zusammenlegen, Zusammensetzen; Einordnung, Unterteilung, Begriffe.

VDI-Richtlinien

VDI 2221	(10.86)	Methodik zum Entwickeln und Konstruieren technischer Systeme und Produkte.
VDI 2222 B1	(5.77)	Konstruktionsmethodik; Konzipieren technischer Produkte.
VDI 2222 B2	(2.82)	Konstruktionsmethodik; Erstellung und Anwendung von Konstruktionskatalogen.
E VDI 2860 B1	(10.82)	Montage- und Handhabungstechnik; Handhabungsfunktionen, Handhabungseinrichtungen, Begriffe, Definitionen, Symbole.
VDI 3237 B1	(7.67)	Fertigungsgerechte Werkstückgestaltung im Hinblick auf automatisches Zubringen, Fertigen und Montieren.
VDI 3240 B1	(10.71)	Zubringeeinrichtungen; Begriffe, Kennzeichnung, Anforderungen.